美术与艺术设计专业（十四五）规划教材

版式设计

李美霞　高开辉　王诗彦　主编

北京出版集团

北京工艺美术出版社

图书在版编目（CIP）数据

版式设计 / 李美霞，高开辉，王诗彦主编． -- 北京：北京工艺美术出版社，2024.12
美术与艺术设计专业（十四五）规划教材
ISBN 978-7-5140-2449-4

Ⅰ．①版… Ⅱ．①李… ②高… ③王… Ⅲ．①版式－设计－高等学校－教材 Ⅳ．①TS881

中国版本图书馆CIP数据核字(2022)第056319号

出 版 人：夏中南
策划编辑：高　岩
责任编辑：宋朝晖　刘　阳
装帧设计：力潮文创
责任印制：范志勇

美术与艺术设计专业（十四五）规划教材

版式设计
BANSHI SHEJI

李美霞　高开辉　王诗彦　主编

出　　版	北京出版集团
	北京工艺美术出版社
发　　行	北京美联京工图书有限公司
地　　址	北京市西城区北三环中路6号　京版大厦B座702室
邮　　编	100120
电　　话	（010）58572470（总编室）
	（010）58572878（编辑室）
	（010）64280045（发　行）
传　　真	（010）64280045/58572763
经　　销	全国新华书店
印　　刷	北京盛通印刷股份有限公司
开　　本	787毫米×1092毫米　1/16
印　　张	8.75
字　　数	200千字
版　　次	2024年12月第1版
印　　次	2024年12月第1次印刷
定　　价	59.00元

前 言

版式设计，是将一堆文字、图片、符号等视觉元素遵循版式设计规律编排，进行视觉调整、布局优化，以达到更好地传达信息的目的。

不少人认为，版式设计只是依靠个人的感觉，将图像和文字进行随意编排的创造性过程。这完全是一种误解，其实版式设计是有章可循的，是一门结合了理性分析与感性审美的综合艺术，如果不遵循版式设计的规律而进行盲目的设计，往往难以达到理想的效果。而这本书将是你从版式设计小白到版式精通高手的秘籍。

版式设计只有做到主题鲜明、重点突出，并且具有独特的个性，才能达到更好地传递信息的最终目标。版式设计是艺术设计专业的基础，是平面设计的一个重要组成部分。版式设计对设计者来说是由基础向专业设计过渡的承上启下的重要内容，它是广告设计、装帧设计、包装设计、CI 设计、UI 设计等课程的前期铺垫。

本书希望通过一些浅显易懂的方式来阐述版式设计的技巧、知识和基本原则。在实际应用中，若无法将这些方法融会贯通，就无法清晰地传达所要表达的内容。笔者意在将从前辈设计师处所习来的知识、技巧，以及从每日练习中所总结的经验等，汇总为一本关于版式设计基本原则的书。通过有序学习与具体实践，我们将切实掌握有关版式设计的技巧，这些技巧和灵感的切入点，不仅能帮助我们自如应对版式设计过程中遇到的种种难题，而且在其他各种场合中，也能发挥重要的作用。

本书的编写主要立足于笔者多年的教学体会和学习研究心得，衷心希望本书能为读者在版式设计的成功道路上提供有效的帮助。但为了准确、清晰地完成本教材的编写，书中有些内容参阅了国内外学术界的一些研究成果，引用了不同时期各国名家大师的作品和资料，限于时间和篇幅，其中有部分资料遗漏了原创作者的署名或来源，且无法与相关作者取得联系，在此向各位作者和出版者谨致谢忱和歉意。如涉及著作权相关问题，请著作权人与我们联系。

由于笔者水平有限，加之时间仓促，书中难免存在错误和不足之处，恳请广大读者和专家批评指正。

编者

目 录

第一章 版式设计概论 /1
1.1 版式设计的概念 /1

1.2 版式设计的目的 /4

1.3 版式设计的发展趋势 /4

第二章 版式设计的基础 /9
2.1 版式设计的视觉要素 /9

2.2 版式设计的构成要素 /22

2.3 版式设计的风格 /27

2.4 版式设计的分类 /36

2.5 版式设计的流程 /39

第三章 版式设计形式美法则 /43
3.1 形式美法则的定义和意义 /43

3.2 版式设计中的形式美法则 /47

第四章 版式设计的视觉流程 /61
4.1 视觉流程概念 /61

4.2 视觉流程的作用 /61

4.3 版式设计中视觉流程的类型 /62

4.4 视觉流程的特征 /63

4.5 视觉流程的艺术表现力 /67

第五章 版式设计的构思与创意 /79

5.1 版式设计基本形式类型 /79

5.2 版式设计的排版方法 /93

第六章 版式设计中的图文编排 /99

6.1 文字编排的形式 /99

6.2 图像编排设计的技巧 /101

第七章 版式设计在视觉传达设计中的应用 /107

7.1 书籍装帧版式设计 /107

7.2 宣传册版式设计 /110

7.3 产品包装版式设计 /114

7.4 招贴广告版式设计 /117

7.5 报纸版式设计 /121

7.6 网页版式设计 /124

7.7 各类卡片版式设计 /129

参考文献 /133

第一章

版式设计概论

现今社会，经济飞速发展，人们步入了以视觉为主体的信息时代。触目所及的图书、广告招贴、网页、多媒体等方面的设计形式在全方位地影响着人们的视觉感受。就版式构成的形式而言，不同的年代有着不同的材料、技术和设计法则，但是，还需要有贯穿于材料和技术之间统一的美学构思。如今的版式设计，作为现代设计艺术的重要组成部分和视觉信息传递的主要手段之一，也从单纯走向了多样化。

1.1 版式设计的概念

版式设计也叫编排设计，是按照一定视觉表达内容的需要和审美的规律，结合平面设计的具体特点，运用视觉要素和构成要素，将文字图形及其他视觉形象加以组合编排进行表现的一种视觉传达方法。

1.1.1 认识版式设计

版式设计是现代设计艺术的重要组成部分，是视觉传达的重要手段，从表面上看，它是一种关于编排的学问，实际上，它不仅是一种技能，更体现了技术与艺术的高度统一。版式设计可以说是现代设计者所必备的基本功之一。

从一定意义上讲，版式编排设计是一门具有相对独立性的设计艺术，也是一种重要的视觉表达语言。因此，版式设计不光是研究平面设计的方法，也是培养设计师基本审美和画面调度能力的重要手段。版式设计的创意不完全等同于平面设计中作品主题思想的创意，它既相对独立，又必须服务于其主题思想创意。优秀的版式设计，可以突出作品的主题思想，使之更加生动、更具有艺术感染力（图1-1-1）。

版式设计是平面设计中基本的专业学科，随着科技的进步，版式设计除了在传统纸媒上呈现，现今还更趋向于在多媒体的领域上体现。在范围上将版式设计与科学技术的结合呈现，不再只是局限于传统的纸质版面，而是分为纸媒版式和多媒体版式两块展示。

图 1-1-1 版式设计

1.1.2 版式设计解析

"版式"在《现代汉语词典》中，释义为"版面的格式"，在《辞海》中，释义为"作品内容在书刊报纸版面上的编排格式"。日本设计理论家、教育家日野永一提出，根据目的，把文字、插图、标志等视觉设计的构成要素作美观的功能性配置构成，即版面设计。广义的版式设计，应当指各种平面形态中的文字及图形展示出的具体样式，进而我们可以说，版式设计是将这种样式、设想，有计划、有目的地通过视觉传达出来的活动过程。

根据以上的各类说法，可以得到如下结论：

① 版式设计是有计划、有目的的平面展示。

② 版式设计的主体是视觉传达，而视觉传达的主要作用是传递信息。

③ 版式设计是通过大众传媒来进行的，是视觉上的。

④ 版式设计的目的是让人更容易读懂内容，在某种程度上也能达到宣传目的。

理论上讲，版式设计指在一个展示平面上运用形式美法则对文字、图形、色彩、形态通过艺术的夸张、变化、排列组合、对比平衡等方法进行有机编排，使其发挥最佳的视觉传达形式和效果，传达某种信息、观念、知识、思想，并能引起人们对视觉对象的思维、激动、兴奋、求索、共鸣，从而达到设计目的的一种基础训练或设计。

具体而言，版式设计即展示版面，包括书籍、报纸、杂志、包装、招贴、广告、样本、年历、挂历、海报、电影电视片头字幕、唱片封套、CI、网页设计等所有平面的视觉传达设计（图1-1-2至图1-1-5）。

概括来说，一切应用文字和图形设计编排达到设计目的的，都可称为版式设计。

图 1-1-2　书籍版式设计　　　　　　　图 1-1-3　广告版式设计

图 1-1-4　报纸版式设计　　　　　　　图 1-1-5　网页版式设计

版式设计特点

　　版式设计与纯艺术或装饰图案、平面构成或室内装饰的区别在于后者仅是一种有理或无理、有形式或无形式的艺术装饰，不是有目的地传达特定的信息，也没有文字编排；而版面设计离不开文字，通常是有目的地传播某种信息或思想，它通过艺术形式美感将图形、文字、色彩组合编排应用，通过直接或间接、抽象的视觉效果传播信息，必须是十分明确、正确、有效的（图1-1-6）。人们通过版式设计的形式感和视觉冲击力，介绍传播某种经济、文化、政治、科学、技术以及产品的信息或知识，树立某种形象，扩大某种影响，推销某种商品和技术，传播某种观念，由此可见，版面设计的应用几乎涉及设计的所有领域。

图 1-1-6 版式设计的艺术

1.2 版式设计的目的

　　版式设计的目的，是把版面上所需要的设计元素进行必要的编排组合，令其成为直观动人、简明易读、主次分明、概念清楚的美的构成，使其在传达信息的同时，也能传递设计者的艺术追求与文化理念，从而给阅读者提供一个优美的阅读空间。因此，版式上新颖的创意和个性化的表现就显得尤为重要，同时，能够强化形式和内容的互动关系，呈现全新的视觉效果。

　　总之，通过强化版式设计创意能力，使版式设计从被动走向主动，从单一走向无限。在创造性的设计活动中，设计者应更积极、主动地参与主题思想表达的版式创意设计，使版式设计更有情趣、更富内涵、更显新颖。

1.3 版式设计的发展趋势

　　无论什么设计，创意是永恒不变的主题。如今各类设计作品很多都打破了前人的设计传统，呈现出百家争鸣的状态，不重复以往习惯性的条条框框，而是在司空见惯的事物中发掘出新意来。树立大胆想象、敢于创新的观念，才可以使设计思维与设计理念具有非凡的生命力。

　　版式设计理论的不断完善和创新，引导着它朝着自己独特且为大众所喜爱的方向走去。版式设计作为现代艺术设计中的一种全球性的视觉传达的公共语言，以其简单明晰的字体、图形和符号，构筑了新的设计理念。它打破了各民族、各文化间在语言交流方面的隔阂，为世界各民族在理解、互动和交融过程中发挥了不可忽视的积极作用。

伴随着科技和网络的发展，设计者往往会更多地借助网络信息和电脑技术，用独特、合理、创新的手法来表达设计意图，设计手法的多样化使当代的版式设计作品不再以单纯的画、写、印刷这几个简单的步骤完成，之间穿插了许多其他数字工具，甚至完全摆脱了原先固有的设计载体，让设计元素合理地体现在版面中，注入了更多情趣和内涵。这些手段和技术往往更能高效地表达设计者的无限创意，给予了设计者更多的创意潜能，进而不断地激发设计者的设计思路、创作灵感，从而开辟版式设计的新领域。

对于今天的设计者来说，版式设计的意义不仅在于如何在技术上突破创新，更重要的是利用技术把艺术和思想统一起来，充分地表达设计者和设计本身需要传达的内容与精神，表现视觉艺术独特的时代性和多样性，形成富有全新时代特色的设计。

1.3.1 简约化

简约化是现代版面编排设计的国际趋势之一。在信息量过度的现代社会，简单明了、直接切入主题，以及充满创新意识的设计，才能从过量的信息中跳脱出来，产生吸引力和视觉冲击力。

1.3.2 个性化

当前，商业和设计行业出现了重叠，设计不仅要跟上美学的发展，还必须赶上科技的脚步。随着周围标识语的不断增多，设计师要重新去适应不熟悉的新领域。当平面设计走向程式化之后，其设计创意就必须具有个性化。个性化是设计师对平面设计个性差异的独到见解，设计成为无限超越自我的表达。平面设计行业从业人员通过对设计内容、版式等设计元素的重新组合，在演变中寻找个性，倡导个性化设计风格，只有施展个人非凡的才能和创造精神，设计在个性化表达的道路上才更有生命力（图1-3-1、图1-3-2）。

图1-3-1 个性化的版式设计1　　图1-3-2 个性化的版式设计2

1.3.3 文字图形化

在平面设计的作品里除了图形,第二位就是文字了。文字这种设计元素已经转换成为一种符号,呈现出抽象风格的哲学意味。在版面构成中,文字的版面构成从来没有像今天这样吸引设计师对它的偏好与瞩目,这种通过文字图形化的排版所制造的幽默、神秘等独特形式,已发展成为当前的内涵与情趣,文字作为生动的设计元素,每时每刻都活跃于版面构成中,使版面进入了一个更新、更高的境界,从而产生了新的生命力。文字不再是孤立的视觉语言,而是成为图形的一部分。文字叠印效果,使版面具有独特的韵律(图1-3-3、图1-3-4)。

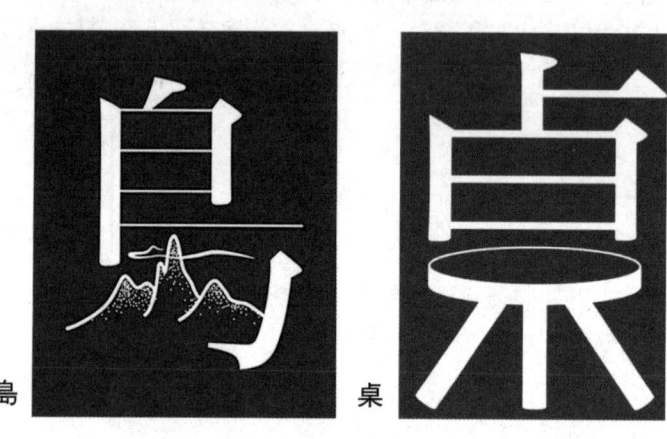

图 1-3-3 版式设计中文字图形化 1

图 1-3-4 版式设计中文字图形化 2

1.3.4 数码化与多维空间

20世纪80年代以来,电脑技术得到发展、普及和完善,电脑成为设计师必不可少的设计手段与工具。

电脑可以使设计师在很短的时间内对设计方案进行大量的修改,设计师第一次可以如此迅速地将设计方案提出、优化和完善。电脑也让设计师有了更多的设计表现和制作手段。

许多设计风格只有在电脑上才能表达，这种风格流行于各个设计领域，电脑使设计的各种视觉要素的组合有了更多的可能性，例如形的边缘变得捉摸不定，层次与层次之间的关系也显得难以确定，空间变得充满深度感，画面的肌理、质地比以往任何时候都要复杂和坚实。电脑可以运用各种工具对图形进行多种多样的处理，可以帮助设计师建立各种骨骼，并能自由快捷地将图形、文字填入其中（图1-3-5）。

图1-3-5 多维空间

1.3.5 注重情感

"以情动人"是艺术创作中奉行的原则。在版式设计中，文字编排表述是最富于情感的表现，如文字在"轻重缓急"的位置关系上，就体现了情感的因素，即"轻快、凝重、舒缓、激昂"；在空间结构上，水平、对称、并置的结构表现严谨与理性，曲线与散点的结构表现自由、轻快与热情。此外，留白富于抒情，黑白对比富于庄重、理性等。合理运用编排的原理来准确传达情感，或清新淡雅，或热情奔放，或轻快活泼，或严谨凝重，这正是版式设计更高层次的艺术表现（图1-3-6、图1-3-7）。

图1-3-6 版式设计的艺术表现1

图 1-3-7 版式设计的艺术表现 2

第二章

版式设计的基础

版式设计是现代设计艺术的重要组成部分，是视觉传达的重要手段。从表面上看，它是一种关于编排的学问；实际上，它不仅是一种技能，更实现了技术与艺术的高度统一。版式设计是现代设计师所必备的基本功之一。视觉要素和构成要素是版式设计的基本造型词汇，是组成任何平面设计的基础。视觉要素包括形及其各种变化和组合、色彩与色调、肌理等，构成要素则包含空间、动势与织体等组合画面的表现语汇。

2.1 版式设计的视觉要素

版式设计通过整体的布局、格式，给人视觉上造成一定的冲击，激发人们的阅读兴趣。一个版式设计无论怎样构成，都离不开其基本要素的设计。

从版式设计的总体角度看，不论是包装设计、广告设计还是展示设计等，视觉传达领域的各类不同设计均有各自不同的要求，设计要素也更具体。但它们都有一个共同的特点，都是从属于版式设计，这就构成了版式设计的共性视觉要素，其包括版式文字、图形（主题图形和辅助图形）、色彩（底面、底色、文字）。

2.1.1 文字

版式设计简单来说就是通过一些文字符号，呈现的一个艺术画面，这个画面需要通过一定的艺术手段体现出来。

在版式设计中，文字作为语言符号，能精确地传达出图片所不能担负的信息，如文章的名称，内容的逻辑性、叙述性、说明性等。文字作为视觉传达最直接的方式，同时具有形象的诉求力量，如不同的字体有不同的性格情感倾向，不同文字的编排组合会给人不同的阅读效果和视觉感受（图 2-1-1）。

图 2-1-1　版式设计的文字符号

版式文字是整个版面的文字内容，也是印刷的主要内容，所以又称为印刷字。下面主要通过版式设计对文字字体的要求和字体规格来说明版式文字。

字体

文字在传达信息的同时，也可制作出效果很好的版面，其自身变化及编排组合直接关系到版面设计的成败，在版面中占有重要位置。在版面设计中，可选择不同的字体来避免视觉上的混乱，通过搭配组合不同的字体来找寻其中的规律，字体控制在两三种，并对其大小、色彩进行装饰变化。版面标题可选择能吸引读者视线的字体，正文可使用简洁、细腻并有统一变化的字体。不同的字体有不同的情感倾向，不同文字的编排组合会给人不同的阅读效果和视觉感受。文字设计一般要符合可读性、美感和独特创造性等原则。文字的主要功能是传达作者的创作意图和思想情感，以与读者产生交流和共鸣，这就要求文字具备清晰明了的视觉形象。因此，文字的首要任务是易认、易懂，准确表达设计主旨。字体的设计要服务于作品，符合作品的风格特征，体现端庄秀丽、欢快轻盈、苍劲古朴、造型奇妙的个性，文字在视觉传达过程中作为整体画面和版面的形象要素之一，它必须具有良好的视觉美感，巧妙组合以求准确传达情感。阅读文字能使人身心愉快，获得良好的心理感受。作者为满足思想主题的表达要求，个性化突出文字设计，给人以别开生面的视觉享受，在设计的过程中，应从字的形态基本特征与创新性组合上入手，不断调整和琢磨。

不同性质的图书，所用的字级、字体有所不同；一本书中不同性质的文字(如正文主体文字、标题、辅文、书眉等)，所用的字级、字体也有所不同。在图书版式设计中设计者必须根据各种不同的情况，遵循"以变化求生动，以和谐出美感"的原则，选用合适的字级、字体。

根据文字内容来选择字体，通过字体充分表达内容所要传递的信息。字体的分类如下。

传统字体：楷体、行书、隶书、舒同体、魏碑、仿宋。

过渡字体：宋体（标宋、中宋、大宋、超宋）。

现代字体：黑体及等线体（超黑、中黑、中等线、细等线）。

以图书文字为例，现在图书用字的字体可分为基本字体、基本字体的变体和艺术体三类。

① 基本字体

基本字体有宋体、黑体、楷体、仿宋体四种，它们不但是印刷书刊常用的字体，而且也是其他字体得以形成的基础。

宋体也称"老宋体"，虽形成于明代，但萌芽于宋代，故称为"宋体"，它笔画横细竖粗，工稳庄重，多用于一般图书正文。黑体也称"方体""方头字"，笔画粗细一致，凝重醒目，多用于标题和着重文字等（图2-1-2）。楷体也称"活体"，笔画与我国书法中的正楷相似，多用于低幼读物和教科书等。仿宋体出现于20世纪初，是仿写北宋欧体刻本而创制，故称"仿宋体"，它笔画较细，起落笔均稍加装饰，俊秀清丽，多用于诗集、短文、随笔、休闲读物等。

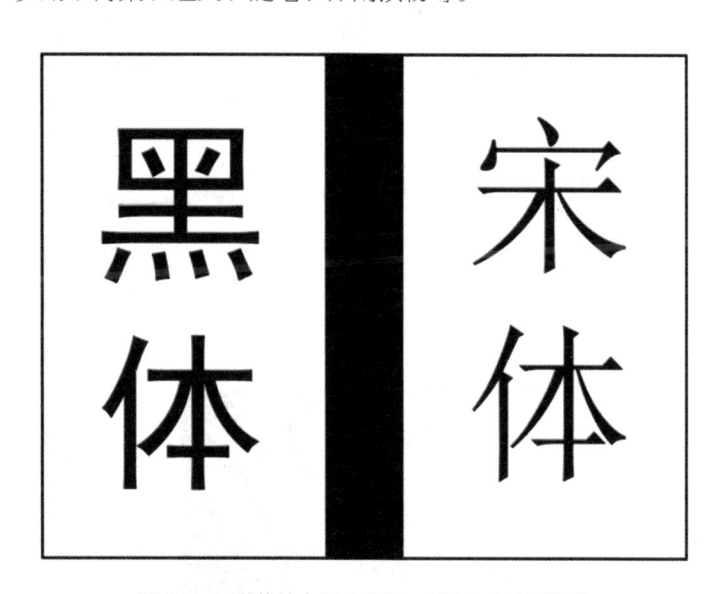

图 2-1-2 黑体给人以强烈感，宋体给人以细致感

② 基本字体的变体

基本字体的变体是基本字体经过变化而成的字体，如宋三体、秀丽体、报宋体、等线体、圆头体等。计算机照排的发展，为基本字体的变化提供了技术条件，如扁体、长体、斜体、旋转体等，都是由计算机照排技术形成的（图2-1-3）。

图 2-1-3 不同的字体感觉

③ 艺术体

艺术体是将书法艺术和美术字写作技巧糅合进印刷字而形成的字体，如隶书体、魏碑体、综艺体、琥珀体等。

在版面设计中，有时为了符合主题，需要选择一些更适合主题的字体，因此，更多的时候还需自己创造适合的字体（图 2-1-4）。

图 2-1-4 自创字体

在一个版面中，选用 3 ~ 4 种的字体为版面最佳视觉效果，多则杂乱，缺乏整体感。要达到版面视觉上的丰富与变化，只需要将有限的字体加粗、变细、拉长、压扁，或调整行距的宽窄，或变化字号大小。实质上，字体使用越多，整体效果越差（图 2-1-5）。

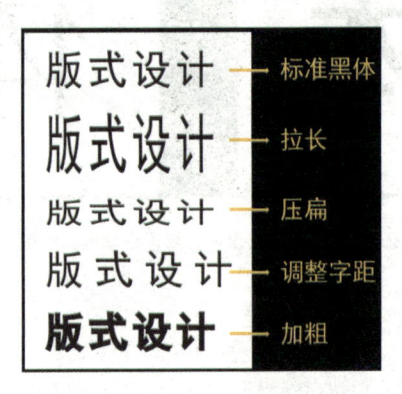

图 2-1-5 文字的不同调整效果

字距、行距

① 字距

字距就是字与字之间的距离。字距大致可分为正常、紧凑、疏松三种类型（图2-1-6）。

阳光携带清风入室
The breeze was carried into the room by the sunlight　→ 标准字距

阳光携带清风入室
The breeze was carried into the room by the sunlight　→ 紧凑字距

阳光携带清风入室
The breeze was carried into the room by the sunlight　→ 松散字距

图2-1-6 不同的字距效果

② 行距

行距就是行与行之间的距离。行距也可大致分为正常、紧凑、疏松三种类型（图2-1-7）。

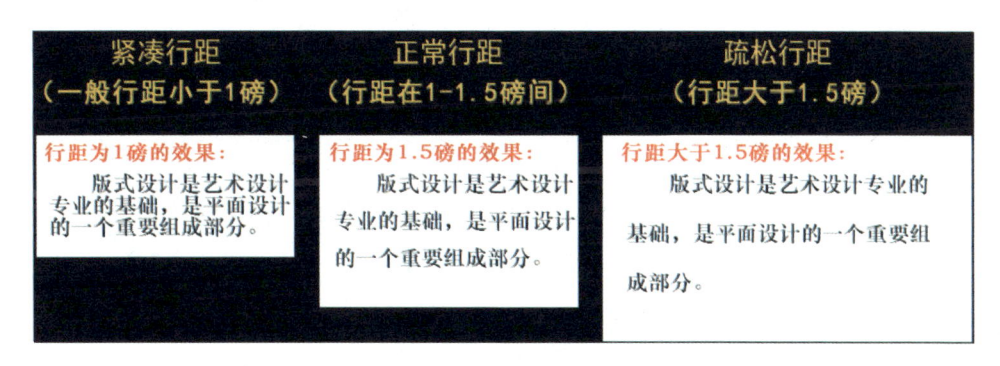

紧凑行距 （一般行距小于1磅）	正常行距 （行距在1-1.5磅间）	疏松行距 （行距大于1.5磅）
行距为1磅的效果： 版式设计是艺术设计专业的基础，是平面设计的一个重要组成部分。	行距为1.5磅的效果： 版式设计是艺术设计专业的基础，是平面设计的一个重要组成部分。	行距大于1.5磅的效果： 版式设计是艺术设计专业的基础，是平面设计的一个重要组成部分。

图2-1-7 不同的行距效果

在版面设计中，若行距过窄，上下文字易相互干扰，目光难以沿着铅字行扫视，因此没有一条明显的水平空白带引导我们的目光；而行距过宽，太多的空白又会使字行不能有较好的延续性。两种极端的排列法，都会使阅读长篇文字者感到疲劳。通常情况下，以比例为用字10点，行距12点，即10 : 12的行距比例最佳。

文字规格

版式设计的文字规格主要看字级（印刷字的大小级别）。字级大小不同，在版面上会产生不同的效果。字级大的，会造成视觉上的强烈冲击感；字级小的，则易造成视觉上的连续吸引感，构成的版面整体性强。在用铅字排版的年代，字级采用号数制，即用初号、一号、二号等号数来表示铅字的大小，故字级往往又称"字号"。后又引入世界各国通用的点数制，我国规定"点"的单位长度为 0.35mm。照相排字兴起后，出现了级数制，"级"的单位长度为 0.25mm，从 6 级（1.50mm）至 100 级（25.00mm）共分成 30 个级别，如一个 15 级的照相字，其宽、高均为 3.75mm。

由于级数制采用的规格尺寸与号数制、点数制不同，所以照相字与铅字在尺寸大小上并不存在精确的对应关系，仅仅互相近似，其中的"毫米值"表示字的宽度和高度。

段间距和避头尾

段间距为每个段落之间的距离，段间距应大于行间距，这样才能区分开，成为单独的段落。

需要注意的是，在对标点符号编排时，任何标点符号都不应在行首或行尾，最好规避这些错误。

文字编排

文字的编排设计，主要有左右对齐、中心对齐、图文穿插 3 种编排形式。

① 左右对齐

左右对齐的排列方式可使版面平衡、严谨、端正、清晰有序，是目前书籍和报刊设计常用的一种文字排列方法（图 2-1-8）。

图 2-1-8 左右对齐的文字编排

② 中心对齐

文字以中心为对称轴进行排版，能让人集中视线从而突出重心，此版面设计整体性较强，且视线端正统一（图 2-1-9）。

> 杭人游湖，巳出酉归，避月如仇。是夕好名，逐队争出，多犒门军酒钱。轿夫擎燎，列俟岸上。一入舟，速舟子急放断桥，赶入胜会。以故二鼓以前，人声鼓吹，如沸如撼，如魇如呓，如聋如哑。大船小船一齐凑岸，一无所见，止见篙击篙，舟触舟，肩摩肩，面看面而已。少刻兴尽，官府席散，皂隶喝道去。轿夫叫，船上人怖以关门，灯笼火把如列星，一一簇拥而去。岸上人亦逐队赶门，渐稀渐薄，顷刻散尽矣。

图 2-1-9 中心对齐的文字编排

③ 图文穿插

在文字周围插入图片，使文字在图形边缘随形、随性地围绕排列，给人以亲切自然、生动活泼的感觉，具有很强的设计感。

将去底图片插入文字版中，文字直接绕着图形边缘排列，此手法给人融洽生动之感，是文学作品中常见的表现形式（图 2-1-10）。

图 2-1-10 文字绕图编排的效果

文字强调

文字强调包括改变字体、颜色、大小，引文的强调，加线框、底色、符号等装饰性元素（图 2-1-11、图 2-1-12）。

图 2-1-11 文字强调的效果对比

图 2-1-12 行首强调的效果

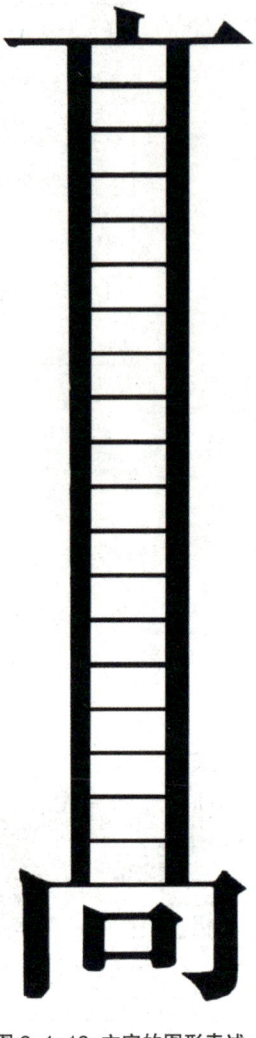

图 2-1-13 文字的图形表述

文字的图形表述

  注重文字的编排和文字的创意，是视觉传达设计现代感的一种体现。设计师不应放过在有限的文字空间和文字结构中进行创意编排，而应赋予编排更深的内涵，提高版面的趣味性与可读性，克服编排中的单调和平淡（图 2-1-13）。

  文字设计的图形化，简单而言就是对汉字进行拆分重组。在理解文字具体表达内容的基础上，发挥自己的想象力，灵活地拆分或重组文字，并且不能影响文字的可读性。改变后的文字将变得生动，所要表达的情感也更加真挚，可让文字的结构"活"起来，像故事一样有情节。文字设计图形化不同于传统意义上的文字设计，传统的文字设计是在琢磨文字变化结构的基础上，对其笔画顺序、连贯方面进行一些改变，对其空间结构、外形、笔画粗细进行重新设计，使字体更具有艺术性（图 2-1-14）。

图 2-1-14 文字设计图形化的艺术性

字的图形编排

将文字排列成一条线、一个面或组合为形象，并成为插图的一部分，使图文相互融合，相互补充说明，成为一个完整的设计体（图 2-1-15）。

图 2-1-15 文字的图形编排

文字的互动性

文字的互动性一般指文字围绕图形的编排设计所产生的动感效果，以及图文组织结构所产生的和谐性，版面的趣味性和情感性（图2-1-16）。

图2-1-16 文字的互动性

2.1.2 图形

在版式设计中，照片相对于插图而言似乎更真实可信，所以设计师们倾向于采用照片。照片的来源可以是自己拍摄，雇用摄影师拍摄，或购买网络图库中需要的资料照片，利用 Photoshop 之类的电脑软件对图片进行修饰等。摄影开辟了一种新的视觉形式，例如仰视和俯视、微观和宏观，这些往往都有着不寻常的效果，摄影图片还能够活泼版面，提高出版物的视觉效果。如今，设计是图片和文字的综合体，在以摄影图为主的出版物中，图片比文字更为重要；应用网格设计能使大量的图片和文字资料有秩序地统一起来，显示出它的优越性（图2-1-17）。

图2-1-17 图形在版面设计中的视觉效果

图版率

　　图版率是指版面相对于文字、图（图片或照片）所占据的面积比，即图所占版面的比例，用百分比表示，如版面全是文字，图版率为0%，相反全是图形画面，图版率为100%。图版率低，会减少阅读兴趣；图版率高，则易增强阅读活力（图2-1-18）。

图 2-1-18　版面的图版率

角版、挖版

① 角版

　　角版也称为方形版，即画面被直线方框所切割，这是最常见、最简洁大方的形态。角版图有庄重、沉静与良好的品质感，在较正式文版或宣传页设计中应用较多。角版理性，使版面紧凑（图2-1-19）。

图 2-1-19　版式设计的角版

② 挖版

挖版图也称退底图，即将图片中精彩的图像部分按需要剪裁下来。挖版图形自由而生动，动态十足，亲切感人，给人印象深刻，借简洁、单纯形态，去追求鲜明而强烈，甚至是张扬到极致的艺术效果。挖版打破约束，活泼自由（图2-1-20）。

图 2-1-20 版式设计的挖版

视觉度

视觉度是指文字和图版在版面中产生的视觉强弱度。版面的视觉度和图版率一样关系到版面的生动性、记忆性和阅读性（图2-1-21）。

图 2-1-21 图形的视觉度

2.1.3 色彩

色彩是造型艺术的要素之一，也是版式设计中的另一主要视觉要素。色彩较之图文对人的心理影响更为直接，具有更感性的识别性能。现代商业设计对色彩的应用更上升至"色彩行销"的策略，成为商品促销、品牌塑造的重要手段。

色彩牵涉的学问很多，包含美学、光学、心理学和民俗学等。心理学家近年来提出许多色彩与人类心理关系的理论，他们指出每一种色彩都具有象征意义。当视觉接触到某种颜色，大脑神经便会接收色彩发放的信号，即时产生联想，例如红色象征热情，看见红色便令人兴奋；蓝色象征理智，看见蓝色便使人冷静下来。经验丰富的设计师，往往能借色彩的运用，勾起一般人心理上的联想，从而达到设计的目的（图2-1-22至图2-1-24）。

图2-1-22 色彩在版面中的协调作用

图2-1-23 运用调和色来统一版面 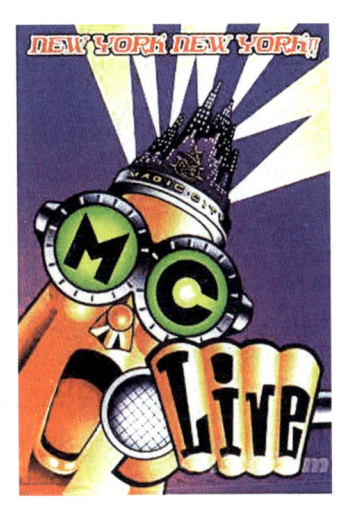　　图2-1-24 色彩搭配的编排版面

在版式设计中，色彩可以让平淡无奇的版面瞬间散发美的光芒，起到画龙点睛和锦上添花的作用。版式设计中的色彩，在满足版面整体统一的效果下，还要考虑观者的心理反应，因为色彩是最能表达人的情感思想、最能直接与人交流的形象，它是所有版式最直接、最具影响力的因素，甚至是评价版式设计的重要标准。

2.2 版式设计的构成要素

点、线、面是构成画面视觉空间的基本要素，一个字母、一个数字、一块极小的图形，可以理解为一个点；一行文字、一行空白、一条带状的图形，均可理解为一条线；数行文字与一片空白，则可理解为面。点、线、面构成一个个千变万化的全新版面。

2.2.1 点的构成

在版面中，任何一个单独而细小的形象都可以称为"点"，点的面积是相对比较而言的，比如在版面中一个文字、一个商标、一个按钮、一个LOGO等都可称为点。点的形状并不一定指圆，也可以是其他的几何形体，点是相对线和面存在的视觉元素。点的不同形态往往能引起观者的不同联想，单个点、多个点以及点的群化能给人带来视觉引导效果。点的形状及组合形式多种多样，但无论何种形态和形式的点，其运用首先从版面全局入手，在同一的前提下寻找变化的形式，并利用点排列的形状、方向、大小、位置、聚集、发散、层次转换、变位、明暗等形式丰富其视觉效果，给人带来不同的心理感受和视觉冲击（图2-2-1）。

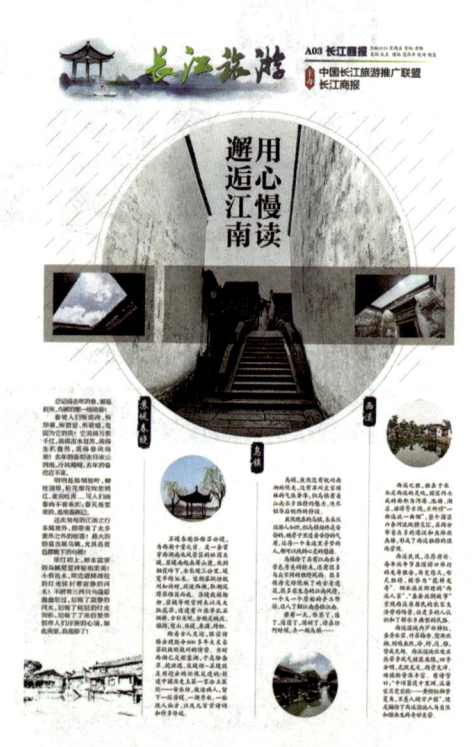

图 2-2-1 版面中的点元素

在版式设计中，点是有面积的，只有当它与周围要素进行对比时才可知这个具有具体面积的形象是否可以称为"点"。从内在性的角度来看，点是最简洁的形态，它是由形状、方向、大小、位置等形式构成的。点既是最简洁的元素，也是最基本的要素。在版式中，可以通过大点与小点的对比关系，突出主次，也可以通过重复排列形成一种视觉上的冲击（图2-2-2、图2-2-3）。

图 2-2-2 版面中点元素的视觉效果 1

图 2-2-3 版面中点元素的视觉效果 2

2.2.2 线的构成

线是决定版面现象的基本要素。线的总体形状有垂直、水平、倾斜、几何曲线、自由线 5 种。

线的性格特征多种多样，斜线具有动荡和速度的感觉，平行线表现出规律、平稳的感觉，垂直线具有庄严、挺拔、力量、向上的感觉，曲线具有流畅、柔美之感。

　　线有分割的作用，也有引导视线的作用。线可以串联各种视觉要素，可以分割画面和图像文字，可以使画面充满动感，也可以在最大程度上稳定画面。线与线之间的排列可以使画面具有节奏感，线的放射、粗细、渐变的排列可以体现三维空间的感觉。线，可以用来分割设计元素，将版面划分成不同的信息区块，方便用户阅读。线有长短、有粗细、有虚实，线还起到版面骨骼的作用，能够撑起版面。

　　在版面设计中，线与点、面相比，线是更活跃、更富有个性和变化的元素。线有极大的灵活性，它可以任意变换方向形态，既可以以严谨形态出现，也可以被赋予抒情性和强烈的动感。线的长度、方向、起伏、疏密赋予了线不同的性格，从而呈现出不同的视觉效果，或舒展，或飘逸，加之线的不同组织会产生不同的节奏、韵律以及空间层次，因此，线的表现力极为丰富，能够诱导出无限潜藏的版面形态（图2-2-4）。

图 2-2-4 版面中线元素的视觉效果

　　线的规则性让整体画面有一致的方向感，给人一种愉悦舒适的感受。曲线的运用在贯穿整个页面时，将打破整齐的文字排版，打破乏味的基调（图2-2-5），可以让版面更加生动灵活，这也是线在版面中穿插所营造出来的视觉分区效果。同时，多线条的运用让版面富有内容，起到支撑版面的作用。

　　线的粗细长短也可以作为版面的骨骼，支撑版面并划分版面。骨骼类的排版规则中明确指出：横纵线条可以起到支撑版面的作用，就好比我们人体中的骨骼可以支撑起我们的身躯（图2-2-6）。

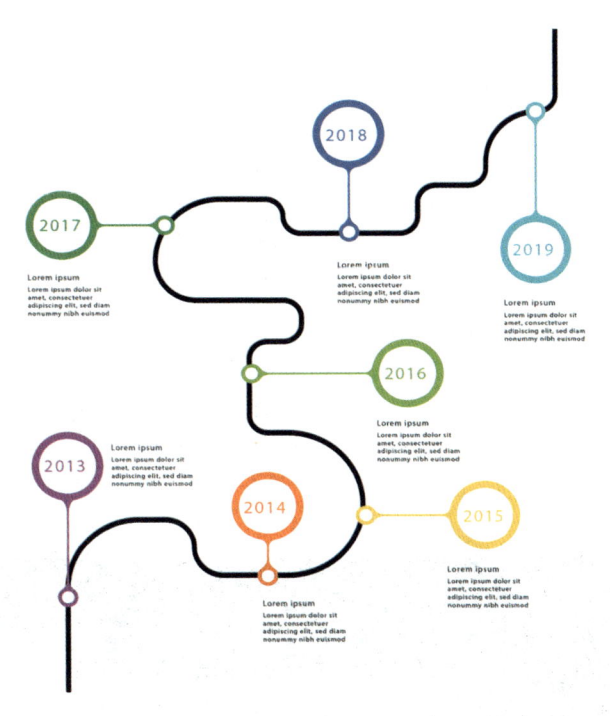

图 2-2-5 版面中曲线元素贯穿页面的视觉效果

图 2-2-6 版面中粗细、长短线元素划分版面的视觉效果

2.2.3 面的构成

面在版面设计中常常占有着重要的位置，应用十分广泛，视觉效果最为显著，任何点、线的排列及扩展最终必然以面的形态出现。版式设计中的面比点、线的视觉冲击力更大，它大体分为几何形的面（方、圆、三角、多边形）、有机切面（弧形的相交或相切得出）、不规则的面。面的排列要考虑形状与面积的对比、间隔和面积的对比、面积与面积的对比等因素，这样版式设计才能产生动感。这一特性赋予了面可变性、灵活性、转换性，使之产生了不同形态、不同性格、不同特征。另外，对面的不同分割、不同位置的变化还可以营造出丰富的版面空间层次。充分利用面的这一性格特征，把握相互之间的和谐关系，能为版式设计带来强烈的美感（图2-2-7、图2-2-8）。

图 2-2-7 版面中面元素的视觉效果 1

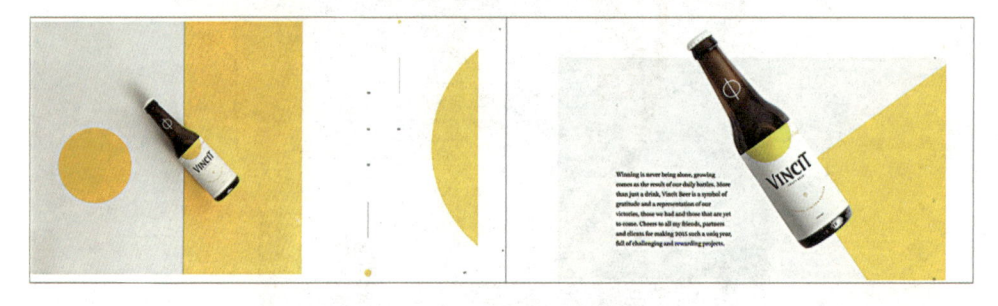

图 2-2-8 版面中面元素的视觉效果 2

图 2-2-8 中的灰色块将版面进行了区域的划分，在版式设计中我们将这种手法称作垫色区域划分法。通过垫色的处理手法，让版面更加富有变化，同时衬托出主体产品——酒瓶的视觉重量。

当我们在设计版面时，点、线、面是首要的考虑因素，点、线、面在不同运动轨迹的引导下会产生不同的节奏和韵律，动与静、刚与柔、虚与实的感觉通常来自点、线、面的方向、位置、空间的相互作用以及排列组合。我们要善于安排它们之间的关系，善于使用点、线、面表现不同的形式和情感，这样才能设计出具有最佳视觉效果的版面。

2.3 版式设计的风格

不管是传统的纸质媒体还是现代的数字传媒，都离不开版面设计，即把版面的基本元素：文字、图形、照片，以及最容易被忽视却是最重要、最难以把握的版面空白区等组合起来，形成自己独特的版面格式。版面设计只有重视风格与标准的和谐统一，才能更好地满足读者的审美需求。

真正具有独创风格的版面设计是能像艺术品一样，产生巨大的艺术感染力，从而成功地实现设计者个人特有的思想、情感、审美理想等与欣赏者的交流。不同设计者之间的风格区别也必须受到他们所共同生活的某一时代、民族、阶级的审美需要和艺术发展的制约，从而显示出风格的一致性。

2.3.1 早期的版式设计风格

古埃及风格

特定的地理环境、气候条件和物产是古埃及装饰艺术产生的先决条件，后天形成的人文环境则决定了古埃及装饰艺术的审美趋向。古埃及的雕刻与石刻是最吸引人的，其版式典雅而富有装饰感，并透出古朴和神秘的气息，且布局独特，具有鲜明的装饰性（图2-3-1）。

图 2-3-1 古埃及的版式风格

古希腊风格

古希腊建筑风格的特点主要是和谐、完美、崇高。古希腊的神庙建筑则是这些风格特点的集中体现，这些风格特点最鲜明的表现就是柱式。古希腊最典型的柱式主要有 3 种，即多立克柱式（Doric Order）、爱奥尼柱式（Ionic Order）和科林斯柱式（Corinthian Order）。这些柱式不仅外在形体直观地显示出和谐、完美、崇高的风格，而且其比例规范也无不显出和谐与完美的风格（图 2-3-2）。

图 2-3-2 古希腊的版式风格

古罗马风格

古罗马的建筑艺术是对古希腊建筑艺术的继承和发展。古罗马的建筑不仅借助更为先进的技术手段，发展了古希腊艺术的辉煌成就，还将古希腊建筑艺术风格的和谐、完美、崇高的特点在新的社会、文化背景下，从"神殿"转入世俗，赋予这种风格以崭新的美学趣味和相应的形式特点。因此，古罗马版式风格的显著特点就是典雅、庄重、华贵（图 2-3-3）。

图 2-3-3 古罗马的版式风格

古代中国风格

古代中国对版面编排的发展有两大贡献：印刷术和造纸术。这两大发明改变了中国的版面技术和风格样式，同时也对西方版式与文字的发展产生重大影响（图2-3-4）。

图 2-3-4 古代中国的版式风格

2.3.2 维多利亚时期的版式设计风格

维多利亚时期被认为是英国工业革命和大英帝国的巅峰时期，它是英国工业革命的顶点时期，也是大英帝国经济文化的全盛时期。维多利亚时期的版式设计，追求丰富浪漫的感性诉求，整体风格呈现烦琐、复杂和装饰性特点，无论字体设计、版面层次都带有古典装饰的倾向（图2-3-5）。

图 2-3-5 维多利亚时期的版式风格 　　图 2-3-6 工艺美术运动时期的版式风格

2.3.3 工艺美术运动时期的版式设计风格

19世纪末，英国掀起了工艺美术运动，倡导这场运动的代表人物是威廉·莫里斯及他的同盟。莫里斯力图努力恢复中世纪风格和哥特风格，提出向传统手工艺学习和向美的自然形态学习的口号（图2-3-6）。

从表面上看，工艺美术运动时期的版式设计风格与维多利亚时期的版式设计风格十分相近，它们都力图通过复古来改变工业设计存在的不足。

2.3.4 新艺术运动时期的版式设计风格

在工艺美术运动的基础上，后来又继续发展成了另一种更加国际化、波及面更广的设计风格——新艺术运动时期的版式设计风格。这种风格中最重要的特征就是充满有活力、波浪形和流动的线条。新艺术运动的核心理念是反思传统和维多利亚风格，创立能体现时代进步和新的人文精神的新艺术。新艺术运动放弃传统装饰，强调自然的表现风格，以自然形态和植物纹样作为创作的元素。从历史的角度看，新艺术运动是一场设计启蒙运动，也是艺术与设计逐步分业发展的界碑（图2-3-7）。

图 2-3-7 新艺术运动时期的版式风格

2.3.5 受现代艺术运动影响的版式设计风格

未来主义风格的版式设计

未来主义是现代文艺思潮之一，由意大利马里内蒂于1909年始倡。未来主义崇尚革命的激进思想，提出要摧毁一切旧的东西，推崇科技，向往未来。因此，它在版式设计上强调自由随意的风格，反对旧有的编排构图方式和语法，甚至否定文字的作用，它用各种视觉元素来自由、放松地拼组版面，呈现无拘无束甚至混乱的感觉，也具有宇宙和未来般的不定和神秘之感（图2-3-8）。

图 2-3-8 未来主义风格的版式设计

达达主义风格的版式设计

达达主义艺术运动是1916年至1923年间出现于法国、德国和瑞士的一种绘画风格。达达主义是一种无政府主义的艺术运动，它试图通过废除传统的文化和美学形式来发现真正的现实，表达人们对资产阶级价值观和第一次世界大战的绝望。

达达主义强调非理性和自我的无政府主义，以怪诞、荒谬、虚无和宣泄为特点，反对现有的艺术形式和逻辑。在版式中，体现于把图形和文字等元素随意无序地编列，甚至利用废弃的材料和旧印刷品来拼构版面，以游戏般的方式来完成设计（图2-3-9）。

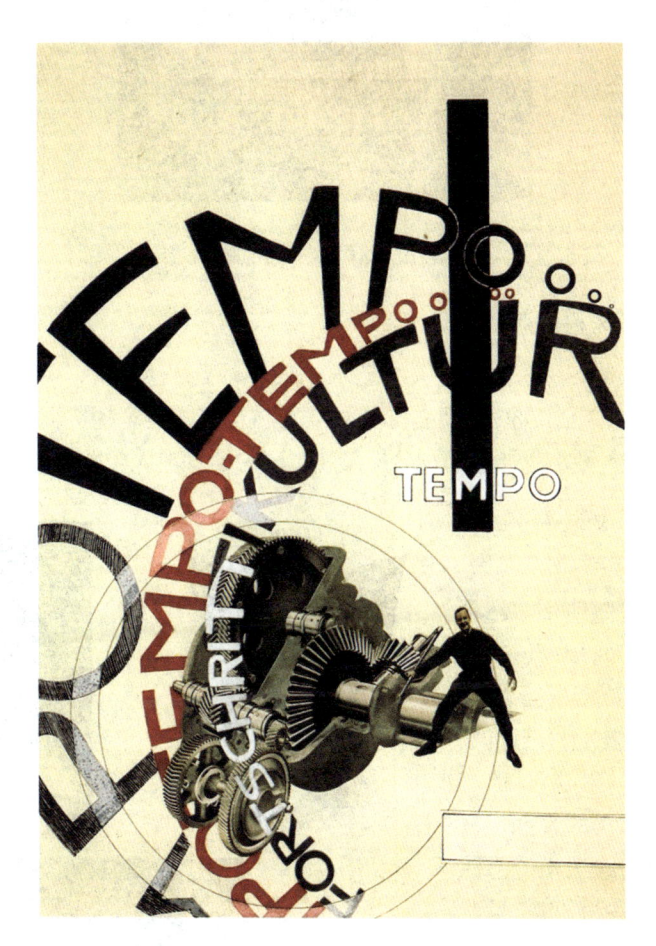

图 2-3-9 达达主义风格的版式设计

立体主义风格的版式设计

立体主义开始于20世纪初，由乔治·布拉克（法）与毕加索（西班牙）建立。

立体主义艺术主张表现内在，讲究深思，注重立体地分解对象、立体地重构对象，并主张多视点综合处理画面。因此，受立体主义思想影响的版式都具有立体主义的风格特征（图2-3-10）。

图 2-3-10 立体主义风格的版式设计

超现实主义风格的版式设计

超现实主义是在法国开始的文学艺术流派，源于达达主义，并且对视觉艺术影响深远。于 1920 年至 1930 年间盛行于欧洲文学及艺术界。探究此派别的理论根据是受到西格蒙得·弗洛伊德的精神分析影响，致力于发现人类的潜意识心理。

它的内容不仅限于文学，也涉及绘画、音乐等艺术领域。它的主要特征是以所谓"超现实""超理智"的梦境、幻觉等作为艺术创作的源泉，认为只有这种超越现实的"无意识"世界才能摆脱一切束缚，最真实地显示客观事实的真面目。超现实主义对传统艺术的看法产生了巨大的影响，也常被称为超现实主义运动（图 2-3-11）。

图 2-3-11 超现实主义风格的版式设计

2.3.6 现代主义风格的版式设计

从 20 世纪 20 年代开始，随着现代主义思想的兴起，在西方以构成主义、风格派、包豪斯为三大核心的现代主义设计诞生，它全面影响了平面设计和版式设计的风格。

构成主义风格的版式设计

它发展于 20 世纪初，是俄国十月革命后发展起来的艺术和设计探索运动，其思想上受共产主义影响，形式上则受西方立体主义和未来主义的综合影响。

构成主义风格的版式特点是无装饰、简单、明确和理性。版面上将各种元素进行拆解、重构，采用自由和活泼的创新手法。

代表人物是李西斯基，他的作品采用分割、组合、剪贴、骨骼排列的手法处理，形式上注重点、线、面的组合规律，功能上以传达信息为主（图 2-3-12）。

图 2-3-12 构成主义风格的版式设计

风格派的版式设计

它是 1917 年在荷兰出现的几何抽象主义画派，以《风格》杂志为中心。风格派完全拒绝使用任何的具象元素，主张用几何形的抽象来表现纯粹的精神，认为抛开具体描绘、抛开细节，才能避免个别性和特殊性，获得人类共通的纯粹精神表现。

风格派对于世界现代主义的风格形成产生了很大的影响，其简单的几何形式、立体主义形式、理性主义形式的结构特征在第二次世界大战之后成为国际主义风格的标准符号（图 2-3-13）。

图 2-3-13 风格派的版式设计

包豪斯风格的版式设计

    包豪斯作为现代设计最为重要的教学与研究机构，1919 年创立于德国魏玛，与同时期的构成主义、风格派一道构筑了现代主义的设计基础。它集中了 20 世纪初欧洲各国对于设计的新探索，并将俄国构成主义、荷兰风格派的探索加以发展，建立了以观念为中心、以解决问题为中心的设计体系，成为集欧洲现代主义之大成的中心，奠定了现代设计教育的结构基础和工业设计的基本面貌。

    包豪斯风格的版式特点是追求简单的版面、简洁的字体和清晰的信息传达功效（图 2-3-14）。

图 2-3-14 包豪斯风格的版式设计

国际主义的版式设计

20世纪50年代，一种崭新的平面设计风格在西德和瑞士形成，由于这种风格最早的探索是从瑞士开始的，因此也被称为"瑞士平面设计风格"。这种简单明了、传达功能准确的风格迎合了二战后国际交流的新平面设计的需求，并很快发展为战后国际上最流行的设计风格，因此有"国际平面设计风格"之称。至今，这种功能化且兼具形式感的版面风格，依然作为版式设计的主要表现手法在全世界沿用。

国际主义风格的特点是力图通过简单的网格结构和近乎标准化的版面公式，达到设计上的统一性。具体来讲，是采用方格网作为设计基础，将版面设计的所有视觉元素——字体、插图、标志等规范地安排在这个框架之中，字体采用无衬线字体，颜色较简单，整个版面呈现出整洁明确的特点（图2-3-15）。

图 2-3-15 国际主义的版式设计

2.3.7 后现代主义风格的版式设计

后现代主义产生于20世纪60年代，并于80年代达到鼎盛，是西方学术界的热点和主流。它是对西方现代社会的批判与反思，也是对西方近现代哲学的批判和继承，是在批判和反省西方社会、哲学、科技和理性中形成的一股文化思潮，其著名的代表人物有哈贝马斯等（图2-3-16）。

图 2-3-16 后现代主义风格的版式设计

2.4 版式设计的分类

版式设计根据不同的目的有不同的分类方式，以媒介的分类方式归纳起来，可分为纸质媒介、数码媒介、综合媒介。

2.4.1 纸质媒介

纸质媒介，即用来传播信息的媒介是纸。纸质媒介是版式设计的基础，因此，版式设计的教学通常也是以纸质媒介为基础进行的。确切来说就是围绕着书籍、杂志、报纸、招贴、包装纸盒等一系列的以纸为媒介的信息传播方式进行，这些方式在具体实施时都离不开版式设计（图2-4-1至图2-4-6）。

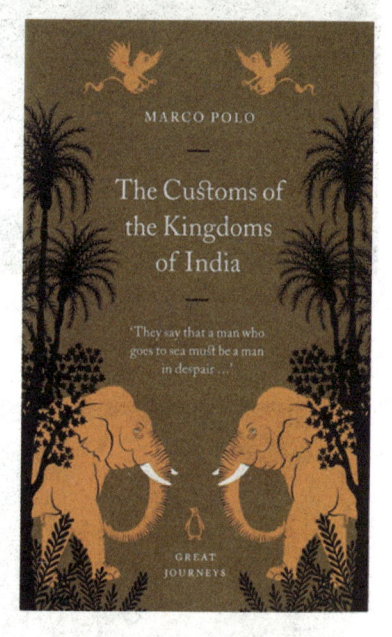

图2-4-1 书籍封面版式设计1

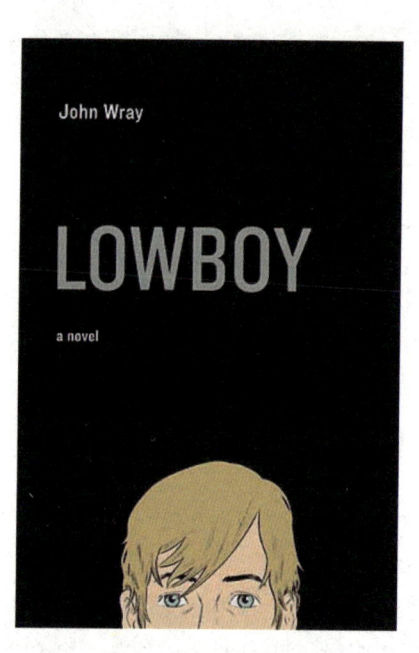

图2-4-2 书籍封面版式设计2

图2-4-3 杂志版式设计

图 2-4-4 广告版式设计

图 2-4-5 唱片封套设计 1

图 2-4-6 唱片封套设计 2

2.4.2 数码媒介

传统的书籍可翻、可视、可摸，可以嗅到纸墨味，而另一种依靠显示屏幕实现的版式设计却是虚拟的。对于很多人来说，数码产品的视觉界面，其艺术性与使用功能是同样重要的，基于这种潮流衍生了网页设计等一系列数码媒介的版式设计。比如电脑终端的视觉界面设计、户外大型电子显示屏的设计、手机屏幕界面设计、依靠数码媒介显示的网页设计等（图2-4-7、图2-4-8）。

图 2-4-7 手机 UI 界面设计　　　　图 2-4-8 游戏网页界面设计

2.4.3 综合媒介

由于版式设计的特殊性，无法真正将它界定于某些特定行业。在我们的生活中，随时随地都会接触到关于版式设计的信息，我们可以把这些以各种材质和技术为媒介，运用版面构成知识进行创意设计的各类物品，归类到综合媒介，如展示空间的各种版面设计、T恤衫装饰设计等（图2-4-9至图2-4-12）。

图 2-4-9 T恤图案版面设计

图 2-4-10 化妆品容器包装图案版面设计

图 2-4-11 餐具图案版面设计 1

图 2-4-12 餐具图案版面设计 2

2.5 版式设计的流程

版式设计是根据主题内容的要求，把需要在版面上出现的文字和图形等视觉传达要素进行合理安排。在掌握了版式设计的各种原则和基本方法的基础上，应根据不同的传播媒体选择不同的编排方式。

版式设计最终以印刷品形式体现，而印刷过程包括印前设计、印刷和印后加工三个阶段。版式设计主要学习的是印前设计制作部分，它主要包括搜集素材、绘制设计创意草图、电脑制作、电脑排版、修改等。排版设计的方式多种多样，但是在具体操作的程序上是有一定规律的。

2.5.1 前期准备

在接受一个新设计项目前，必须对即将进行的设计做好准备工作。

首先，要做市场调研，收集并整理项目所涉及的各种资料和参考数据。文字资料包括产品品牌、产地、背景、特点、性能及相关技术资料等，图片资料包括跟产品有关的所有图片、标志、照片及一些数据分析表格等。其次，要对所搜集的素材有一个宏观调控，同时还要经常跟服务对象进行沟通交流，要了解他们对这个委托项目的要求以及想法，以便能更深刻理解所搜集的素材。另外，版式设计活动一般为商业行为，它们不是纯艺术的，有的设计师只是根据自己的喜好设计，一般来说这是行不通的。没有良好的沟通，不了解服务对象的意图，往往会让自己的工作事倍功半。

2.5.2 勾画草稿、确定版式

现在的版面设计已经进入电脑时代，版面设计的工作可以在屏幕上直接设定。但是，在传统的版面纸上绘画草稿还是很有必要的，因为这种方法不仅能快速表达和记录设计者的思想和构想，还为确定版面做好有效的准备。以报纸的版式设计为例，其方法是用铅笔在版面纸上大体勾画版面的安排和样式，将相对不变的报头、报眉、栏图或广告的位置先提前划定，然后根据稿件的轻重、第次，插图的大小、形状来进行形象和逻辑两个方面的构思、规划。

版式的结构形状很多，多为左右分割型或上下分割型等。具体划版时，现在的版式多是套用事先已经确定的固定风格的版式，这样，不仅能使设计者更好地为报纸的整体形象负责，而且也提高了版式设计的效率。

从版面的形态结构上来看，有以图片为主的版面，有以文字为主的版面，还有以标题为主的版面。从安排稿件的顺序上来说，有先安排文字，后考虑图片位置的；也有先安排好图片位置，确定好版面的基本构架，然后往版式中填充文字的。这里关键是看图片和文字哪一个更为重要。所有的这些方法，如果说哪一种方法更好，哪一种方法更有优越性，主要看设计者应变的能力和驾驭设计方法的能力。

在做创意设计之前，要对设计尺寸和材料进行确定，比如包装设计，一定要先了解产品的特点、大小、材料等，然后确立包装的结构形式。一般的印刷品，我们要在做设计之前定好开本形式、尺寸规格、印刷材料、印刷数量等。

同时，在前期，待多种文字材料和图片充分准备好后，就要对其进行整理和分类，确定主次，调整好它们的关系；然后根据文字内容和主次进行创意设计，可在这一时期绘制小草图。画草图的过程就是进行设计思索的过程，这个过程尽量不要受到现有的不同媒体版式编排思路的干扰，要多角度、多层次、多方位地进行设计。通常在这一环节中，可以勾画许多张小草图，然后在这些草图里选择比较好的设计方案，使初步意向进一步视觉形象化。

2.5.3 色彩搭配

色彩，是一种能够向用户传达特定情绪的视觉元素，恰到好处的色彩搭配往往能营造出不同的视觉感受，或热烈喧嚣，或优雅恬静，或浪漫温馨，或凄凉悲壮，这都离不开色彩元素的氛围渲染。所以，夯实色彩搭配相关的理论知识，可以进一步提高我们的平面设计水平。

2.5.4 确定设计创意稿

从大量草图中选择几幅满意的设计作品与服务对象进行沟通确认，然后进行反复修改，最后选择确定的创意草图，用精细的表现手法绘制好之后，便进入了正式设计稿的制作阶段。这一过程一般通过上机制作完成。

2.5.5 上机排版制作

将前期绘制的精细草图，通过计算机进行编排。现在最普遍的平版印刷则需经过文字录入 — 图片输入 — 图像设计 — 组版 — 输出胶片 — 打样 — 成品这一过程。

文字录入

文字录入以前在手工制作上是十分复杂而费时的，通常采用计算机排字、铅字打印或者照相植字、转印纸等。现在可以直接通过如 CorelDraw、Photoshop、Illustrator、PageMaker、FreeHand 等计算机绘图软件，根据其自带或者外加的大量字库，把文字输入软件中，再依据设计的需要进行选用，并对字体和文字的大小、字距、行距等做处理。

图像输入、处理

绘画作品、正片、反转片、翻拍照片等都是图像原稿的重要来源。图像原稿需要通过彩色扫描仪对原稿进行扫描，将原稿上的光信号转换成电子信号直接传送到计算机里以备制作，设计者可以在计算机里对图像进行修改、局部修色、变形等进一步的创意调节。

目前较流行的图形处理软件有以下几种：

① Adobe Illustrator

它具有文字输入和图标、标题字、字图以及各种图表的设计制作和编辑等优越的功能，是设计师们常用的软件。

② Adobe FreeHand

它是美国 Adobe 公司推出的一个功能强大的平面矢量图形设计软件，应用非常广，特别是在报纸和杂志的广告制作、书籍海报、机械制图以及统计图形的制作方面深受欢迎，是一件强大、实用而又灵活的利器。

③ CorelDraw

它是由世界顶尖软件公司之一的加拿大 Corel 公司开发并推出的一个绘画功能强大的软件，兼有图形绘画、图像处理、表格制作及制作动画等许多功能，广泛地应用于商标设计、标志制作、模型绘制、插图描画、排版及分色输出等诸多领域。

④ Adobe Photoshop

它是由美国 Adobe 公司发展推出的一种面向美术创意与专业印刷领域的图像处理软件，在国际上具有重要影响力，是功能最强、应用最广的一种图像软件，常用于黑白、彩色图像校正、修版、图像特技制作与分色等问题的处理。

排版

排版是将准备好的图文资料，按照创意草图的设计进行编排，在计算机上对文字、图像进一步编辑，修改后进行图文混排组版。

目前常用的排版软件有 Adobe 公司的 InDesign，北大方正公司的 FIT（飞腾）软件和维思（WITS）、FLBOOK 等，我们可以根据设计的需要进行选用。Adobe 公司的 InDesign 排版软件虽然比较年轻，但是功能相当齐备，也非常卓越，在排版技术上达到了较为领先的水平，逐渐成为主流。

2.5.6　打样、校对

当我们完成了一幅具有独特创意的电脑作品后，在欣赏的同时，也希望能够立即看到印在纸上的彩色效果，即输出效果。通常我们把从印刷版上打下来的校样简称为打样或者清样。打样效果和最终的成品应当完全一样，其作用是让设计者、客户、出版社等能够预视一下印刷后的色彩效果，也是出于大量印制前的慎重考虑，便于对色稿是否需要修改、确定，是否选用做出决定（如会不会出现文字疏漏或文字错误，会不会与设计者最终的意图产生悖逆等），这是最后的弥补不足和修改错误的机会，是减少设计遗憾和经济损失的一个行之有效的方法。

第三章

版式设计形式美法则

在版式设计中，我们一定要注意设计作品的整体性与统一性，否则乍看形式多样，实则杂乱无章，使人眼花缭乱，体现不出和谐美。这就要求设计师在设计过程中不能一味地去追求作品的形式多样化，而忽略其阅读作用和版式设计的形式美法则。

3.1 形式美法则的定义和意义

在现实生活中，人们由于经济地位、文化素质、思想习俗、生活理想、价值观念等不同而具有不同的审美观念，然而抛开这些，单从形式条件来评价某一事物或某一视觉形象时，对于美或丑的感觉在大多数人中间存在着一种基本相通的共识，这种共识是有规律可循的，是可以探求和总结的。

3.1.1 形式美法则的定义

形式美法则是人类在创造美的形式、美的过程中对美的形式规律的经验总结和抽象概括。于传统的美学思想而言，古希腊的哲学家与美学家认为美是形式，倾向于把形式作为美与艺术的本质。

毕达哥拉斯学派、柏拉图和亚里士多德均认为，形式是万物的本源，因而也是美的本源。

现代格式塔心理学美学的代表阿恩海姆在其《艺术与视知觉》中，把美归结为某种"力的结构"，认为组织良好的视觉形式可以使人产生快感，一个艺术作品的实体就是它的视觉外现形式。

马克思的美学思想无疑是现代美学的一个重要方面，其唯物主义美学观体现在形式与内容的辩证统一上。

贝尔提出的"有意味的形式"对现代造型艺术有深刻的影响，在他看来，真正的艺术在于创造这种"有意味的形式"。而这种"有意味的形式",既不同于纯形式,也有别于内容与形式的统一。

总之,形式是超越时间的概念,是艺术作品的外观体现,是情感的载体。形式美感体现能够使人产生相应的审美意识和情感体验,形式美的规律与法则是进行一切造型艺术的指导准则(图3-1-1)。

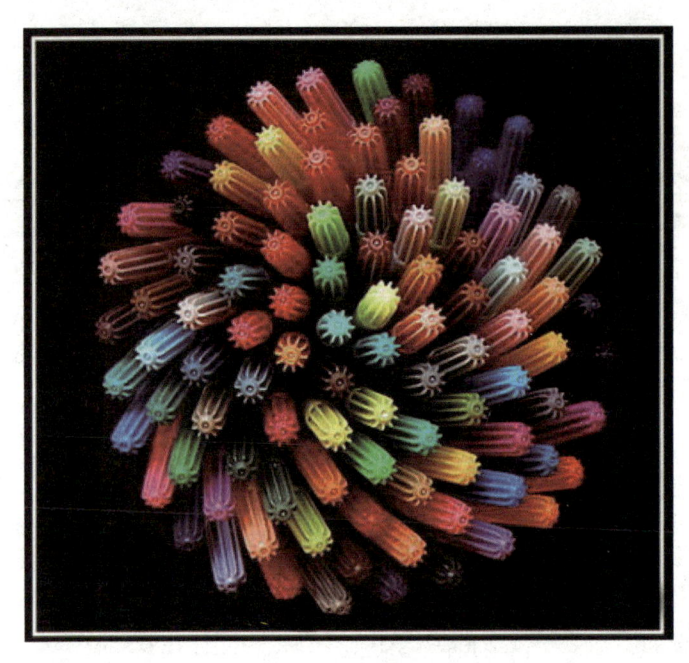

图 3-1-1 艺术作品的外观体现

形式美法则是对自然美加以分析、组织、利用并形态化的反映,是在判断一个形象的美丑时,忽略它原有的意义及内容,单从它的形式去研究或鉴赏的方法,从本质上讲就是变化与统一的协调。

形式美是一种具有相对独立性的审美对象,它与美的形式之间有质的区别。美的形式是体现合规律性、合目的性的本质内容的自由感性形式,也就是显示人的本质力量的感性形式。形式美与美的形式之间存在着重大区别。首先,它们所体现的内容不同。美的形式体现的是它所表现的事物本身的美的内容,是确定的、个别的、特定的、具体的,并且美的形式与其内容的关系是对立统一、不可分离的。而形式美则不然,形式美体现的是形式本身所包容的内容,它与美的形式所要表现的事物美的内容是相脱离的,可以单独呈现出形式所蕴含的朦胧、宽泛的意味。其次,形式美和美的形式存在方式不同。美的形式是美的有机统一体中不可缺少的组成部分,是美的感性外观形态,而不是独立的审美对象。形式美是独立存在的审美对象,具有独立的审美特性(图3-1-2)。

形式美的构成因素一般划分为两大部分，一部分是构成形式美的感性材料，一部分是构成形式美的感性材料之间的组合规律，或称构成规律、形式美法则。构成形式美的感性材料主要是色彩、形状、线条、声音等。其中色彩的物理本质是波长不同的光，人的视觉器官可感知的光是波长在380～780nm之间的电磁波。各种物体因吸收和反射光的电磁波程度不同，而呈现出赤、橙、黄、绿、青、蓝、紫等十分复杂的色彩现象。色彩既有色相、明度、纯度属性，又有色性差异。

图 3-1-2 具有形式美的版面

色彩对人的生理、心理产生特定的刺激信息，具有情感属性，形成色彩美。如红色通常显得热烈奔放、活泼热情、兴奋振作，蓝色显得宁谧、沉重、郁悒、悲哀，绿色显得冷静、平稳、清爽，白色显得纯净、洁白、素雅、哀怨，黄色显得明亮、欢乐等。

形状和线条作为构成事物空间形象的基本要素，也都具有极富特色的情感表现性。如直线具有力量、稳定、生气、坚硬的意味，曲线具有柔和、流畅、轻婉、优美的意味，折线具有柔和、突然、转折的意味；正方形具有公正、大方、固执、刚劲的意味，三角形具有安定、平稳的意味，倒三角形具有倾危、动荡、不安的意味，圆形具有柔和、完满、封闭的意味（图 3-1-3）。

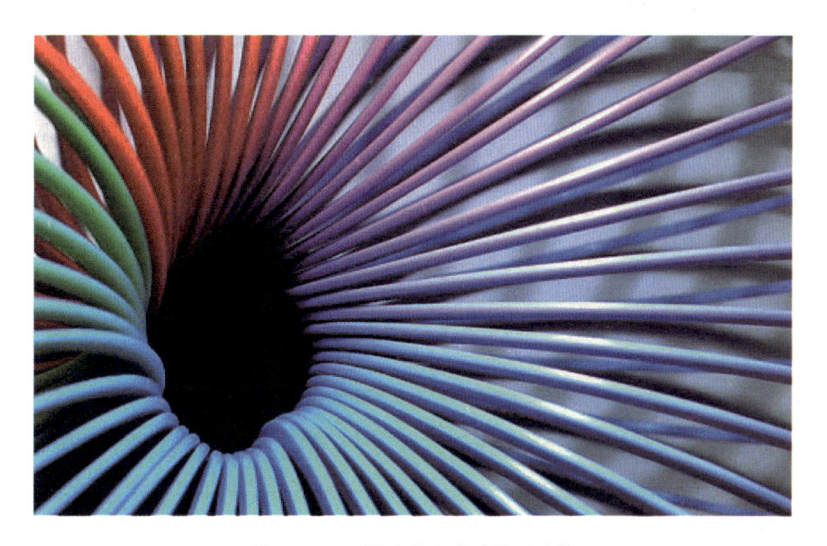

图 3-1-3 形状和线条表达的形式美

声音本是物体运动产生的音响，其物理属性是振动。它的高低、强弱、快慢等有规律的变化，也可以显示某种意味，如高音激昂高亢、低音凝重深沉、强音振奋进取、轻音柔和亲切等。把色彩、线条、形体、声音按照一定的构成规律组合起来，就形成色彩美、线条美、形体美、声音美等形式美。

构成形式美的感性材料组合规律，即形式美法则，它主要有齐一与参差、对称与平衡、比例与尺度、主从与重点、过渡与照应、稳定与轻巧、节奏与韵律、渗透与层次、质感与肌理、调和与对比、多样与统一、黄金分割律等。这些规律是人类在创造美的活动中，不断熟悉和掌握各种感性质料因素的特性，并对形式因素之间的联系进行抽象、概括而总结出来的。

形式美法则主要包括比例、对称均衡、单纯齐一、调和对比、节奏韵律和多样统一。研究、探索形式美法则，能够培养人们对形式美的敏感，指导人们更好地去创造美的事物；掌握形式美法则，能够使人们更自觉地运用它来表现美的内容，达到美的形式与美的内容高度统一（图3-1-4）。

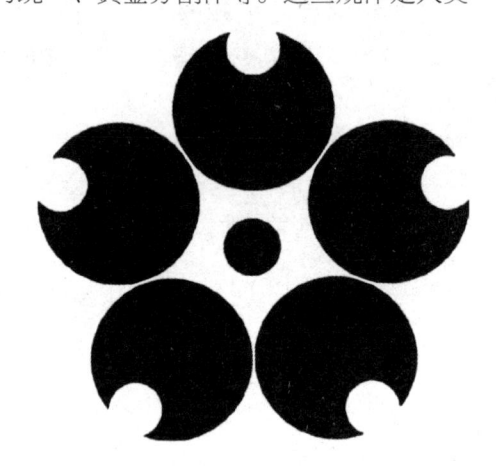

图3-1-4 美的形式与美的内容高度统一

3.1.2 形式美法则的意义

形式美法则的意义

纯粹研究美的形式原理，可以使问题简化，矛盾相对突出。形式美原理具有普遍意义，是对作用于普遍意义上的美感的研究，应用范围十分广泛。

形式美是主观诉诸客观的产物，大千世界富含着无限的生机与情趣，无时无刻不在昭示着美的身影，当人的感官与身心沐浴在异彩纷呈的大自然中，会为之发出内心的感叹与兴奋。如一朵小花，或者一棵树等，当人的心理与这些产生共鸣时，也就是被事物的这种形式美的魅力所征服。

在艺术创造活动中，纷繁复杂的感性材料经过创作者的主观捕捉，进而筛选、整理、提取、加工，逐步完善为较理想的形式元素。诸如点、线、面、黑、白、灰、造型、色彩、构图、意境等，创作主体将情思与感受贯穿其中，确定出画面形式美基调。在这个过程中，创作主体对形式美的理解越深入、越透彻，就越能够把握形式美感，就会更加自由地驰骋在艺术王国的天地里。

运用形式美法则进行创造时，首先要透彻领会不同形式美法则的特定表现功能和审美意义，明确欲求的形式效果，之后再根据需要正确选择适用的形式法则，从而构成适合需要的形式美。

形式美法则不是固定不变的，随着美的事物的发展，形式美法则也在不断发展，因此，在美的创造中，既要遵循形式美法则，又不能犯教条主义的错误，生搬硬套某一种形式美法则，而要根据内容的不同，灵活运用形式美法则，在形式美中体现创造性特点。

形式美法则的作用

在西方美学史与艺术哲学中，形式美是一个非常重要的范畴，无论是在艺术创作中，还是在艺术鉴赏与审美活动中，形式美发挥着极其重要的作用。这里值得认真探究的是形式美与艺术之本性是如何关联的，尤其是进入现代，形式美不再局限于经典认识论中关于内容与形式的一般论述，这种探究对于艺术及其本性的认识和理解具有崭新的意义。

"美在于形式"的思想及其变化作为重要的范畴，形式美一直是西方美学史与艺术哲学中极其关注的问题，同时这也是一个仁智各见、充满纷争的问题。关于什么是形式的问题，源远流长，可一直追溯到古希腊早期，又可后延至今。尽管有着近似的问题，但各个时期的观点都是不同的，相互区分开来，这种区分折射出了思想自身的变化。

3.2 版式设计中的形式美法则

版式设计是以优秀的布局来实现卓越的设计（图3-2-1）。它是一种关于编排的学问，是在版面上将有限的视觉元素进行有机的排列组合，将理性思维个性化地表现出来，是一种具有个人风格和艺术特色的视觉传达方式。具体而言，版式设计是将图片、文字、色彩等各种要素按照一定的主题，合理的布局和灵活的掌控与融合来凸显设计师所要宣传的企业理念。在传达信息的同时，也产生感官上的美感。而版式设计的美作为视觉符号，是一种语言形式，一种视觉冲击力，是可以引领读者的视觉流程。版式设计是现代艺术设计的重要组成部分。成功的版式设计一方面是通过动态、视觉诱导、空白运用、结构、比例等艺术手段，处理具有各种不同作用的构成要素，使之达到均衡、调和的效果，使其成为一个具有视觉魅力和强而有力的组织构成，为消费者提供正确、清晰、完整而明快的信息；另一方面是通过设计师个性化的风格和具有艺术特色的视觉传达，让观者产生感官上的美的享受，并使设计在效果与功能上事半功倍。有人将版式设计师比喻为音乐作曲家，将各种不同色调、肌理与形态的视觉要素组织成变化丰富而又高度统一的优美乐曲；也有人将其视为舞台中的场景调度，将各种承担信息传达任务的文字、图形艺术地组合起来，使整体设计变成一个有张有弛、刚柔并济，充满戏剧性的舞台。一个充满动感与节奏感、形态张扬的编排设计与一个严谨、清晰的版式设计传达给人的心理感受是截然不同的（图3-2-2）。

图 3-2-1 版式设计的布局

图 3-2-2 充满动感与节奏感、形态张扬的版式设计

  所谓形式美的规律，是指造型形式诸要素间普遍的必然联系，它是稳定与永恒的，是指导一切造型形式构成的永久性原则，它是总括具体艺术工作的抽象规范，是可以适应于多种艺术形式的一般法则，也是版面设计所必须遵循的。

  版面设计虽然没有现成的公式可循，但将形式美的诸多法则加以巧妙的结合和运用是保证设计成功的关键。

  版式设计的范围涉及平面设计的各个领域，如产品简介、企业样宣、海报、挂历、贺卡、包装、报纸、杂志、书籍、画册、信封、信笺、名片、POP等，可以说平面设计的原理和理论贯穿于编排设计的始终（图3-2-3）。

图 3-2-3 平面设计领域的版式设计

从版面编排角度看,形式美法则是多方面的,可概括为统一与变化、对比与调和、对称与平衡、节奏与韵律、条理与反复、动感与静感、整体与局部。

3.2.1 统一与变化

统一与变化是形式美的总法则,是对立统一规律在版面构成上的应用,两者完美结合是版面构成最根本的要求,也是艺术表现力的因素之一。统一是一种手段,目的是达成和谐。最能使版面达到统一的方法是保持版面的构成要素要少一些,而组合的形式却要丰富些,统一的手法可借助均衡、调和、秩序等形式法则。变化是一种智慧、想象的表现,是强调种种因素中的差异性方面,通常采用对比的手段,造成视觉上的跳跃,同时也能强调个性。变化是寻找各部分之间的差异、区别,统一是寻求它们之间的内在联系、共同点或共有特征。没有变化,则单调乏味,缺少生命力;没有统一,则会显得杂乱无章,缺乏和谐与秩序(图 3-2-4 至图 3-2-6)。

图 3-2-4 统一与变化效果1

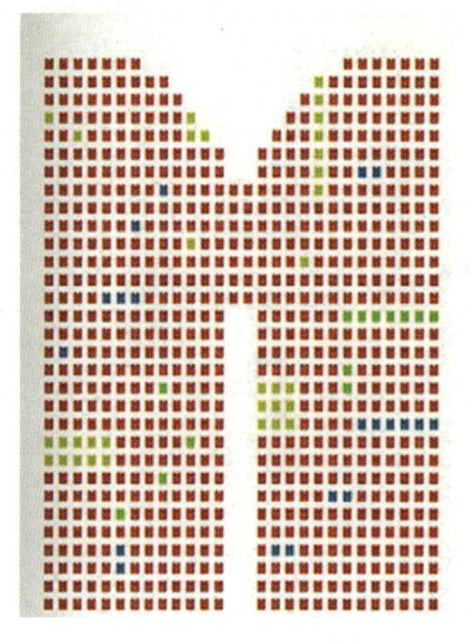

图 3-2-5 统一与变化效果 2　　　　　　　图 3-2-6 统一与变化效果 3

我们在设计版面时应注意处理好统一与变化的比重关系。统一是主导，变化是从属。统一强化了版面的整体感，多样变化突破了版面的单调、死板，但过分地追求变化，则可能杂乱无章，失去整体感。

统一之美，指版面构成中某种视觉元素占绝对优势的比重。如在线条方面，或以直线为主，或以曲线为主；在编排走文上，或以单栏为主，或以变栏为主；在版面色彩上，或以冷色调为主调，或以暖色调为主调；在情调方面，或以优雅为主，或以强悍为主；在疏密方面，或以繁密为主，或以疏朗为主（如《北京晚报》繁密，《中国青年报》则疏朗）。

多样变化之美，指版面构成中的某种视觉元素占较小比重的一种形态，多样变化可使版面生动活泼，丰富而有层次感。

3.2.2 对比与调和

任何一种设计都存在着一定的变化，我们认识世界万物都是从对比中产生的。对比是将两种不同的事物或情形作对照，达到相互映衬的目的。对比的形式有很多，在版式设计中，常用的对比形式有形象与形象的对比、形象与空间的对比、色彩对比、明暗对比（图 3-2-7）、疏密对比（图 3-2-8）等。把版式编排推向极致的往往是通过对比来进行的设计，其中任何版面都不可缺少的是明暗对比。

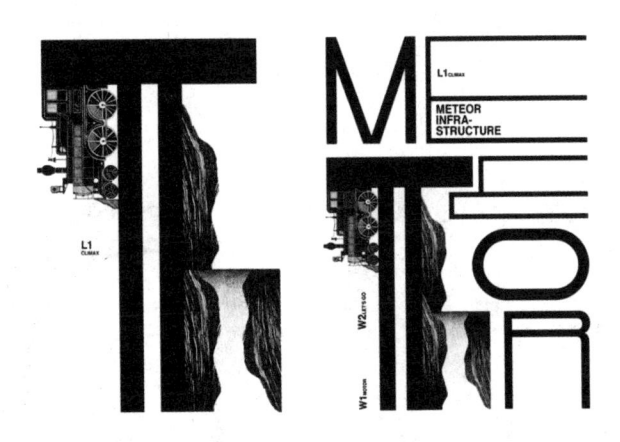

图 3-2-7 明暗对比效果

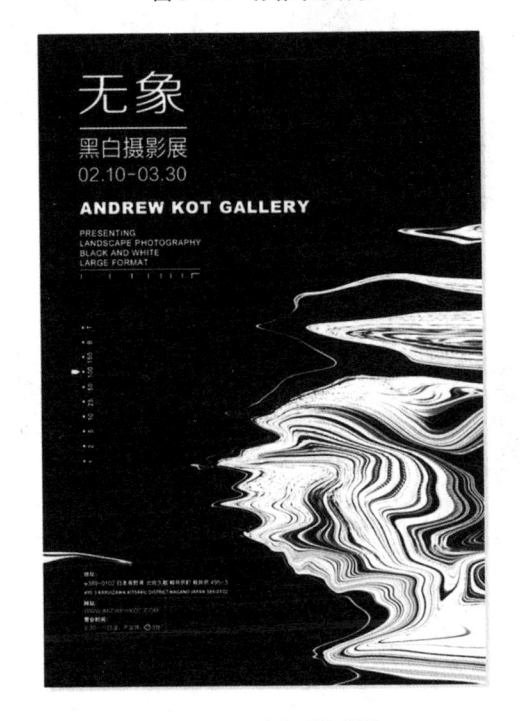

图 3-2-8 疏密对比效果

在版面设计中，缺少对比效果就缺少活力，不能在视觉上吸引人。版面设计对比关系主要通过视觉形象色调的明暗、冷暖，色彩的饱和与不饱和，线条的粗细、长短、曲直，形状的大小、高矮、凹凸、宽窄，方向的垂直、水平、倾斜，数量的多少，排列的疏密，位置的上下、左右、高低、远近，形态的虚实、黑白、轻重、动静、隐现、软硬、干湿等多方面的对立因素来达到的。它体现了哲学上矛盾统一的世界观。对比法则广泛应用在现代设计当中，具有很大的实用效果，如在一个版面上运用对比手法，应以对比方的某一方面为主，形成对比的冲突点，起到画龙点睛之用，也就是版面的"彩儿"。

调和，即和谐融洽，是指适合、舒适、安定、统一，是近似性的强调，使两者或两者以上的要素相互具有共性。版面各部位、各视觉元素之间寻求相互协调的因素，也是在对比的同时寻求调和。对比强调差异，产生冲突；而调和寻求共同点，缓和矛盾（图3-2-9至图3-2-12）。

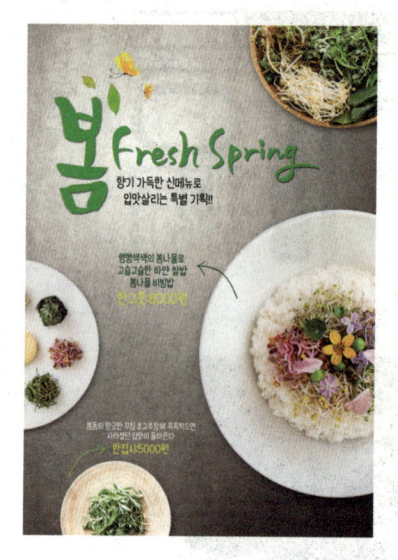

图3-2-9 用相似的形象和方向调和 1

图3-2-10 用统一的色线调和

图 3-2-11 用统一的元素调和

图 3-2-12 用相似的形象和方向调和 2

在版面设计中,假若只有对比而缺少调和,版面就会缺少秩序和安定的美感。调和,首先是指版面中占绝对优势的某种视觉元素统辖整体,使对比性元素居于从属地位。其次是指在互相对应的元素中寻找"妥协"点,使二者的矛盾冲突得以缓和,获得新的平衡,取得调和效果。

对比和调和是相辅相成的,在版面构成中,一般占版面率高的宜调和,占版面率低的宜对比,这种平稳、温和的感觉,适合表现各种类型题材。

3.2.3 对称与平衡

　　对称指以中轴线为中心分成相等两部分的对应关系，如人的双眼、双耳或鸟虫的双翼、双翅。在报纸版面中也经常运用对称的形式，它给人以稳定、沉静、端庄、大方的感觉，产生秩序、理性、高贵、静穆之美（图 3-2-13、图 3-2-14）。

图 3-2-13 对称版面设计 1

图 3-2-14 对称版面设计 2

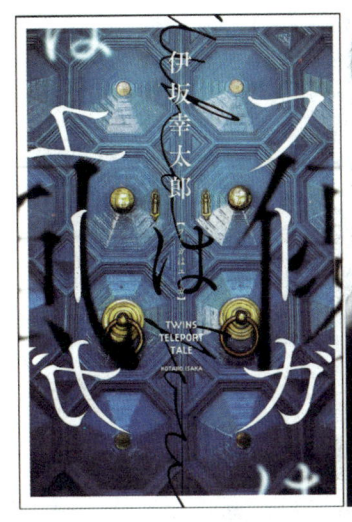

图 3-2-15 平衡版面设计

平衡又称均衡，体现了力学原则，是以同量（心理感受的量）不同形的组合方式形成稳定而平衡的状态（图 3-2-15）。日用器皿中茶壶是平衡结构的，而盆罐花瓶则多是对称结构的。平衡结构是一种自由生动的结构形式，平衡状态具有不规则性和运动感。一个版面的均衡是指版面的上与下、左与右取得面积、色彩、重量等量上的大体平衡。在版面上，对称与平衡产生的视觉效果是不同的，前者端庄静穆，有统一感、格律感，但如过分均等就易显呆板；后者生动活泼，有运动感和奇险感，但有时因变化过强而易失衡。因此，在版面设计中要注意把对称、平衡两种形式有机地结合起来，灵活运用，如版面整体可用平衡式，局部栏目标题等可用对称式。

在艺术设计中，对称与均衡是构成形式美的一条重要法则。对称和均衡都是达到画面平衡的手法。对称的版式设计，常可使版面呈现稳定的美感，但版式设计仅以对称为准则，就会显得庄重有余，活泼不足，甚至过于呆板。对称采用的是左右、上下完全相同的视觉平衡构图，而均衡则是左右、上下并不完全相同，是通过各种视觉力的调节达到视觉平衡。要对称就得有均衡感，均衡感的设计主要有三种形式，其中一种是从版心的上左到右下，再从上右到左下以获得均衡感。对称是静止的形态，均衡则将动态包含在画面中，比较活泼生动。在实际的构成和设计中，均衡有着更多的变化空间和形式，容易产生新的效果。

3.2.4 节奏与韵律

节奏是周期性、规律性的运动形式。音乐靠节拍体现节奏，绘画通过线条、形状和色彩体现节奏。节奏往往呈现一种秩序美，在版面设计中，没有节奏的版面肯定是沉闷的。读者在看报纸时，一般是由左到右、由上到下、由题目到正文的阅读过程，如果编辑设计版面时在标题、图片、栏目、点、线、面上做文章，让它们有所变化，在视觉上串联起来，形成跳跃式的块状、点状，这样就会给读者一种节奏感（图 3-2-16）。

图 3-2-16 具有节奏感的版面设计

韵律更多的是呈现一种灵活的流动美。副刊中典雅的插图、自由自在的变体标题字等，都可让读者感受到韵律之美。节奏和韵律对应视觉流程的动态过程，借用的是音乐的概念，在版式设计中，节奏是某种元素通过一定的变化，产生有规律的重复。韵律是整体的气势和感觉，高山、流水各有韵律，书法的行笔布局也讲究韵味。在构成和设计中，形态轮廓和空间组织总体看来起伏变化流畅，但不平铺直叙，这就是韵律。它的主要作用就是协调版面的整体节奏，增强版式的感染力，开阔版式艺术的表现力。

在文字编排上，疏密、长短、大小可产生节奏和韵律。文字密集，则节奏感强，有紧张之感；文字散漫，就会有浪漫抒情之感。把握好这些方法，可在版面上体现出多种情绪，正确和完美地表现文本，使画面更具艺术感染力，带来一种律动动态美和有秩序的活跃动感（图 3-2-17）。

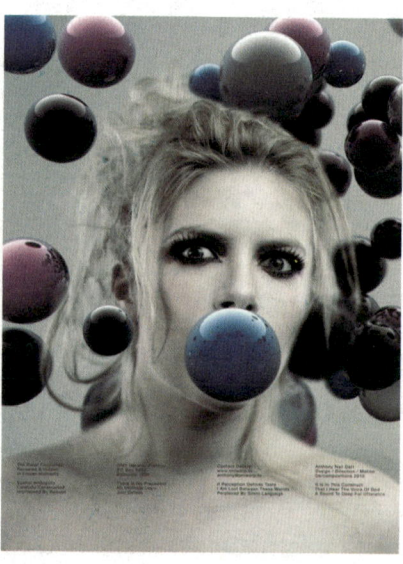

图 3-2-17 节奏与韵律效果

3.2.5 条理与反复

在版面设计中，将点、线、面、黑、白、灰等元素梳理归纳为有序的状态，称为条理。将某一母题（相同或相似的形态）多次重复出现在版面上的效果，称为反复，或称重复。

版面设计要十分重视条理性，没有条理性也就谈不上设计。版面设计拒绝混乱、复杂的画面效果，追求条理性的秩序美（图3-2-18）。

版面中适当的反复，能增加版面的韵律和节奏感。如版面正文应以排基本栏为主，变栏不宜过多，特别是同一版块上不宜有过多变栏，否则基本栏没有一定的重复，变栏就会因没有映衬而失去强势作用，也会影响整版的和谐。

图 3-2-18 版面设计的反复效果

3.2.6 动感与静感

根据版面稿件内容的需要，决定采用动感或静感的形式，如文化生活类版面宜选动感形式，财经类版面宜选静感形式。在确定了某一版面采用动感还是静感形式后，还应找出相应的对比因素，如某一版面基调是静感的，就应有一两处动感元素作对比，反之亦然。静中有动、动中有静，动静结合，才能获得动静有致的版面效果（图3-2-19）。

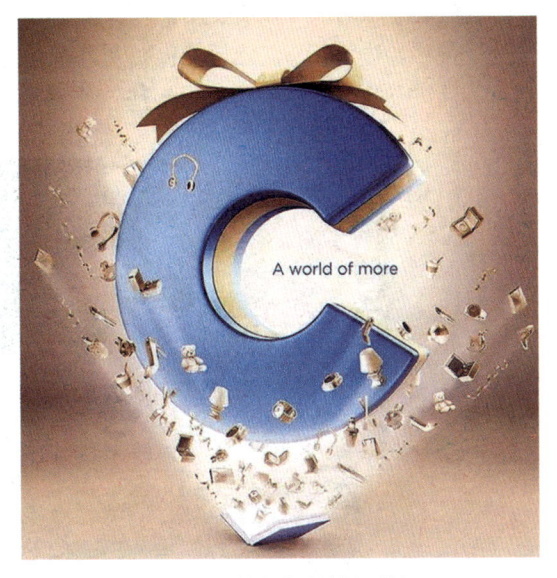

图 3-2-19 静中求动的版面效果

3.2.7 整体与局部

在版面设计中,整体关系的重要性远远大于局部关系。着眼于整体设计,要有战略家的眼光,善于宏观把握。一个版面就是一部戏,在总体设计中,对内容主次的把握、黑白灰的安排、点线面的处理、版面布局分寸的控制等,都应作统筹规划,以使局部服从于整体。所谓整体感,就是版面的视觉各要素之间形成恰当优美的联系,各要素不是孤立存在的,而是互为依存、互为条件的存在关系(图3-2-20)。

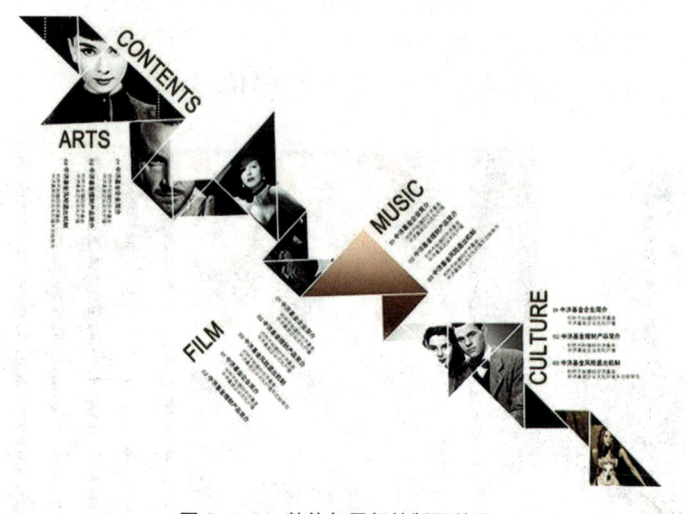

图 3-2-20 整体与局部的版面效果

局部,在版面中不应是孤立存在的,它的形式不但是美的,同时还应与整体形成有机的联系。每个局部都有变化,但局部相加不等于整体,整体大于局部之和。整体统辖局部,局部服从整体,这也是版面形式的重要法则。

优秀的版面设计,都是遵循形式美法则的典范,都表现出其各构成因素间和谐的比例关系。达·芬奇认为,美感完全建立在各部分之间神圣的比例关系上。可见,形式美法则是实现形式美感的重要基础(图3-2-21)。

图 3-2-21 遵循形式美法则的版面设计

在现代设计多元化发展的大趋势下,作为现代设计的重要组成部分之一的版式设计,又是视觉传达表现的重要手段,从表面上看,它是一种关于编排的学问,实际上,它不仅是一种技能,更是技术与艺术的高度统一。版式设计尊重视觉美学的自身规律,从而达到与视觉感官完美结合的方式。版式设计的审美取向、审美意识等诸多因素都影响着平面媒体作为传播主体时的内容能否更好地吸引读者,提升读者在接收信息和阅读时的美感享受。版式设计清新、灵活、美感强烈,才能与主题内容构成有机整体,从而吸引读者"眼球",让他有强烈的阅读欲望。

3.2.8 虚实与留白

留白指在版面上留出的空白,它有"不著一字,尽得风流"的效果。没有文体、没有图像、没有装饰线块,只有一片空白,但有力地表现了设计师所想要表达的理念。它是"虚"的特殊表现手法,其形式、大小、比例决定着版面设计的质量。在版式设计中巧妙地留白,讲究空白之美,是为了更好地衬托主题,集中视线和形成版面的空间层次(图3-2-22)。留白的感觉是轻松的,最大的作用是引人注意。版式设计中,留白的作用实际上是留人,留下人的注意目光,使人在休息或停顿中看到主题,如报纸标题,四周一定要留有空白才能突出标题。版面上留有空白,视觉才舒适,才有想象的余地。

为了强调主体,可有意将其他部分削弱为"虚",甚至以留白来衬托主体的"实",所以留白是版面"虚"处理中一种特殊的手法。版面中的虚实关系为以虚衬实,实由虚托。虚实层次使版面丰富,空间使形象或内容更突出(图3-2-23、图3-2-24)。

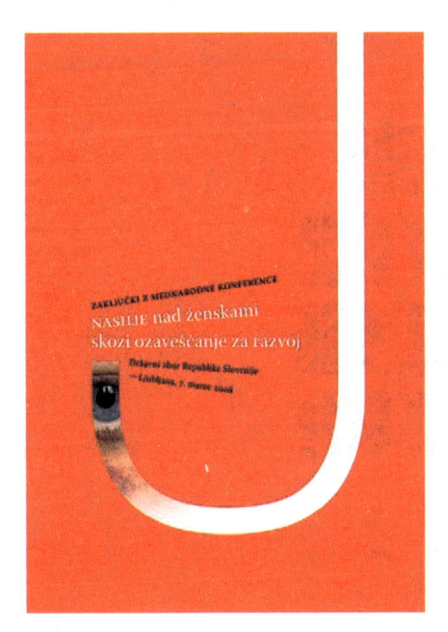

图3-2-22 虚实与留白效果1

图 3-2-23 虚实与留白效果 2

图 3-2-24 虚实与留白效果 3

有了部分的空白，图形和文字才能更好地表现。并不是所有版式设计都有大量留白，如报刊之类的读物留白量就少，因为其主要的功能是传达信息；而休闲抒情类读物和广告留白率较高，因为这些带给人们的是闲暇时的消遣（图 3-2-25）。

图 3-2-25 虚实与留白效果 4

第四章

版式设计的视觉流程

视觉流程作为版式设计的一种视觉流向，主要指版面中相关元素，包括文字、图片、图形、线条和色彩等排列的先后顺序和主次关系。通常情况下，视觉流程的形成是由人的视觉习惯决定的。当我们阅读版面时视线会从上到下、从左向右、由明及暗、从动到静，由版面的左上角沿着弧线向右下角流动，在这些视线上的任何点都要比其他点的视觉注意率要高。同时，人的视线在同一个版面的注意力分布也是不同的，注意力一般会集中在上方、下方和中上方，一个恰如其分的视觉流程必须符合这种逻辑顺序。

4.1 视觉流程概念

版式设计的视觉流程是一种"空间的运动"，是视线随各元素在空间沿一定轨迹运动的过程，这种视觉在空间的流动线为"虚线"。视觉流程运用得好坏，是设计师技巧是否成熟的表现。

4.2 视觉流程的作用

在这个设计高速发展的时代，各种设计可谓是层出不穷、琳琅满目。要想使自己的版面在有限时间内吸引人们的注意力，且能直接快速地传递信息，就应该有一个表现得当、清晰明了的视觉流程。视觉流程作为一种视觉顺序，不仅可以引导读者阅读，还可以减轻读者的视觉疲劳，在吸引读者"眼球"的基础上促进信息的有效传递。同时，视觉流程作为版面的一种视觉顺序，还有丰富版面、促进版面形式与内容统一的作用。

版面设计是现代设计艺术的重要组成部分，也是视觉传达设计的核心内容之一。在版面设计中运用造型要素及形式原理，对版面内的文字、图形、色彩、符号等要素，按照一定的要求进行编排，并把所要表达的信息以艺术的形式表达出来。通过运用视觉流程的表达方式，可以使整个版面重点突出、主次分明，同时具有艺术性和趣味性。

视觉流程在版面中是一条隐蔽的导线，设计师在设计时常常容易将其忽略。一个好的视觉流程，能够引导观者的视线按照设计师的意图，以合理的顺序、快捷的途径、有效的感知方式去获得最佳的视觉效果，若与之相反，则会给观者带来混乱的感觉，影响信息的传达。

4.3 版式设计中视觉流程的类型

版式设计是将有限的视觉元素在一定的空间中进行有机的排列组合，将理性思维个性化地表现出来，是一种具有个人风格和艺术特色的视觉传达方式。它在传达信息的同时，也带给观者感官上的美感享受。版式设计应用的范围可涉及报纸、杂志、书籍、画册、DM单、挂历、招贴、产品包装、展板、网页、环艺等设计领域（图4-3-1），它的设计原理和理论贯穿于每一个视觉传达设计类型。视觉流程是版式设计的一项主要内容，其设计结果即版式设计，因此，在版式设计中，视觉流程的好坏对其设计效果的优劣起着至关重要的作用。

图 4-3-1 环艺设计领域

从视觉流程所处的维度空间的角度分析，版式设计中的视觉流程可分为以下3种类型：

二维空间中的视觉流程

二维空间指只有两个维度的空间，即仅由长度和宽度这两个要素所组成的平面空间。由于空间的限定，观众的视线只能在其中的一个平面范围内流动，它是现代艺术设计领域中已经开始重视的一种视觉流程类型。常见的有光盘封面、书籍、挂历、网站设计等视觉页面。

三维空间中的视觉流程

三维空间指具有长、宽、高三个维度的空间，即表现出物体的纵深、高度和宽度的立体空间。这一类型的视觉流程设计较前一种复杂，其中不仅要考虑每一个二维空间中的视觉流程，还要考虑与另一个维度之间的视觉流程，这种类型常见的有书籍装帧设计、包装设计、展示设计等多个版面的设计（图4-3-2）。

图 4-3-2 三维空间的视觉效果

多维空间中的视觉流程

多维空间是指在同一画面上同时出现两种以上的三维空间关系组合的特殊造型方式，也有人将三维空间加上时间形成的四维空间，叫作多维空间。多维空间中的视觉流程是指观众的视线打破单一静止的画面，使本来前后遮挡的几个或更多的视觉页面的组成元素融合到一起，形成多层次、丰富的空间效果。其根本的目的就是创造丰富多样的视觉效果，引起丰富的联想，同时与页面的主题相呼应，在现代网页、书籍装帧及交互式多媒体等设计中有所运用。另外，视觉流程从视觉流动的形式方面，一般可分为线型视觉流程、焦点视觉流程、反复视觉流程、导向视觉流程、散点视觉流程等。

4.4 视觉流程的特征

版式设计中的视觉流程像一条无形线，在遵循一定规律的前提下，引导观者的视线随着设计元素进入一个有序、条理清晰、传达迅速流畅的阅读过程。对于设计作品来说，视觉流程的组织是否自然、流畅，并以一种合理而灵活的方式呈现出来，使读者的视线跟随设计师的意图进行阅读，将直接影响到所传达信息的准确性与有效性。为此，设计师在进行设计活动的过程中，应注意掌握并运用视觉流程的特性，引导人们的视线按照设计的意图，合理、快捷、有效地感受最佳的印象。

视觉流程有以下几方面的特征：

逻辑性

成功的视觉流程，应符合人们认知的心理顺序和人类思维发展的逻辑顺序，自然、合理、流畅并有创意性地传达信息，因此，版面中构成要素的主次顺序要与表达的内容相互一致。主要元素成为视觉元素的视觉焦点，次要元素成为点缀（图4-4-1、图4-4-2）。

图 4-4-1 视觉焦点和点缀的视觉元素

图 4-4-2 视觉流程的逻辑性

节奏性

节奏作为一种形式美感的重要元素，不仅能激发人们的视觉兴趣，而且在形式结构上也有利于视线运动。视觉流程的节奏性是指空间内的视觉元素呈现连续有秩序的虚实、强弱的变化，它是以相同或相似的顺序交替、重复、渐变地排列组合成基本视觉元素来获得节奏性。设计作品中的节奏感，在构成要素之间的位置上要形成一定的节奏关系，使其有长有短、有急有缓、有疏有密、有曲有直，形成视觉上和心理上的节奏，激发观者的阅读兴趣，能够给观者强烈的视觉冲击和精神上的共鸣，这样的冲击和共鸣可以让作品传达的信息更加有张力和说服力（图4-4-3）。

图 4-4-3 视觉流程的节奏性

诱导性

在设计中，不仅指示符号能给人以运动感，起到诱导视线的作用，人或动物特有的眼神、脸的朝向或者肢体语言，甚至是抽象化的图形符号也能引起观者注意，引导观者视线，突出作品中的重要信息。

现代广告的编排设计十分重视如何引导观众的视线流动，设计师可以通过适当的编排，左右人们的视线，使其按照设计意图进行顺序流动。用什么要素捕捉观众的视觉注意力呢？现代广告为了产生良好的视觉诱导效果，也为了烘托主题和增加画面趣味，常用俊男美女作版面的广告人物形象，采用美妙的动与静的姿态吸引人们的视线。当人们的视线接触到直立的人物形象时，就会从人的脸部开始，到胸、腰、腹和脚，作从上而下的视线流动，最后引导到产品或商标上。如果人们的视线接触的是横卧的人物形象，就会从左到右（或从右到左）进行视线流动，最后到达广告诉求重心。安排广告人物形象的动势时，一般均让人物形象的视线朝向版面的内部，手、脚的动态设计也要配合视线的方向做出有运动感的姿势，起到强调作用，引导观众的视线从人物形象的脸部开始，顺着手、身的动势一步一步地至广告的诉求重心。如果广告人物形象的视线朝向广告版面的外部，则观众的视线流动就会中断，视觉流程的设计就不能发挥它预期的功能。

在视觉设计中，利用设计元素进行空间分割，将观者的视线从一个点转移到另一个点的过程，就体现了视觉流程的诱导性（图4-4-4）。

图 4-4-4 视觉流程的诱导性

注目性

视觉是人类感觉最敏感的地方。人眼的视觉中心区域十分有限，人们在观看时，只有视中心区才可以接收信息，因此，人类视线的停留只能依照顺序依次进行。由此可见，当我们的视线从一个视点到另一个视点移动时，眼睛的运动并非连续的，而是进行的直线转移（图4-4-5）。

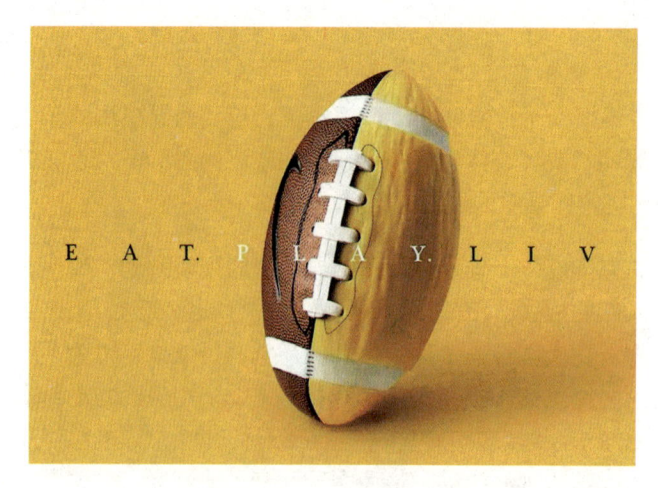

图 4-4-5 视觉流程的注目性

战略性

成功的视觉流程，须与版面的战略性内涵相一致，根据特定的设计内容和要求，确立整体的设计构想、方式来形成不同特点的构成形式，如独特的销售理念、竞争意识、表现形式等。一个完整的视觉流程设计，其基本步骤可分为视线捕捉、信息传达、印象留存 3 个环节，它们环环相扣，不可分离。

① 视线捕捉

这是视觉传达设计成功的第一步，即第一感觉，是在最初的 10～15 秒内通过外界的刺激（新奇的形态、强烈的色彩、动人的情感、鲜明的夸张等）瞬间抓住读者的视线，引起读者的关注，这种方法即视线捕捉。用于发挥这种作用的设计构成要素，被称为视线捕捉物，可以是图形、文字、色彩等，捕捉物在视觉上要求入目、注目、悦目。视线捕捉是一种非主动注意的心理现象，因此设计时要抓住重点——视觉传达，并选准最佳视域区，切忌喧宾夺主或以审美代替信息传达（图 4-4-6）。

图 4-4-6 版式设计的视线捕捉

② 信息传达

当人们的注意被引起后，就有了进一步了解内容的需求。信息传达在设计上主要通过图形、色彩、文字等视觉传达要素，依据战略性内涵，作严谨的功能处理和编排组织，进而达到信息简明，流程简化，传达迅速，易识、易读、易记的效果。

③ 印象留存

设计时，一般在视觉流程的终端，将重要信息（诸如企业或机构的标志商标、企业名称、品牌名等）作统一化设计，有时与商品图形相结合，产生信息回味效应，加深印象，这是设计最终成败的检验标准。一个好的视觉流程，应将最想让受众记住的信息留在流程的最后，达到以一当十的效果。此外，为了使视觉流程简捷、有力，还可借助于人物的动势、面向、眼神、手势，文字排列趋向，线条或色块的趋向，使视线导向明确、焦点集中、突出重点。

4.5 视觉流程的艺术表现力

版式设计利用呼应构成、对比排列、信息群组等手法来突出版面主题信息，打破观者常规的阅读习惯，使观者按照设计者所设计的视觉流程进行阅读，在有效传递信息的同时使版式设计的形式更加丰富。

结合版面设计的特点，方向关系视觉流程主要有以下 7 种表现形式。

4.5.1 单向视觉流程

单向（直线）视觉流程是按照常规的视觉流程规律，诱导消费者的视觉随着编排重点各元素的有序组织，从主要内容开始依次观看下去，这使得版面的流动线能更为简明直接地表达主题内容，有简洁而强烈的视觉效果，其表现有以下 3 种方式：

竖向视觉流程

直线视觉流程是画面中以直线方向的视觉元素作视线引导，引领观者注意，以达到宣传目的。其中，竖向直线和斜向直线的视线引导最为常见，这种形式简洁明了，视觉冲击力强，能有效地宣传主题内容，是设计师常用的一种形式。

竖向视觉流程设计是指将版面中的视觉元素按垂直方向排列，使人们按照"从上到下"或者"从下到上"的方向阅读，能给人以坚定、直观的感觉（图 4-5-1 至图 4-5-3）。

版式设计

图 4-5-1 版面中的视觉元素竖向排列 1

图 4-5-2 版面中的视觉元素竖向排列 2 　　图 4-5-3 版面中的视觉元素竖向排列 3

横向视觉流程

　　横向视觉流程设计是指将版面中的视觉元素按水平方向排列。由于人们比较习惯"从左到右"的阅读方式，因此，这也是常见且符合大众阅读行为习惯的一种排列方式。横向的视觉设计会给人一种稳定、恬静的视觉感受，在生活中也比较常见（图 4-5-4、图 4-5-5）。

68

图 4-5-4 版面中的视觉元素横向排列 1

图 4-5-5 版面中的视觉元素横向排列 2

斜向视觉流程

斜向视觉流程是从左上角到右下角,或从右上角到左下角利用对角线形成动态的视觉流程。其特点是具有不稳定感和速度感(要注意画面的整体均衡),较多表现为运动类主题,坚固而有动态的构图,给人以动感和韵律之美,具有强烈的视觉冲击力(图 4-5-6 至图 4-5-10)。

图 4-5-6 版面中的视觉元素斜向排列 1

图 4-5-7 版面中的视觉元素斜向排列 2 　　　　图 4-5-8 版面中的视觉元素斜向排列 3

图 4-5-9 版面中的视觉元素斜向排列 4 　　　　图 4-5-10 版面中的视觉元素斜向排列 5

4.5.2　曲线视觉流程

　　曲线视觉流程是各视觉要素随弧线或回旋线而变化运动的视觉流动。曲线的视觉流程虽然不如单向视觉流程直接简明，但比单向视觉流程更具有明显的节奏和韵律之美，微妙而复杂，可概括为弧线形"C"和回旋形"S"两种形式。

弧线形

　　依弧形迂回于画面，可长久地吸引观者注意力，具有扩张力和一定的方向感。

回旋形

可将相反的条件相对统一，两个相反的弧线产生矛盾回旋，在平面中增加深度和动感，所构成的回旋也富于变化（图 4-5-11 至图 4-5-14）。

图 4-5-11 版面中的视觉元素回旋形排列 1 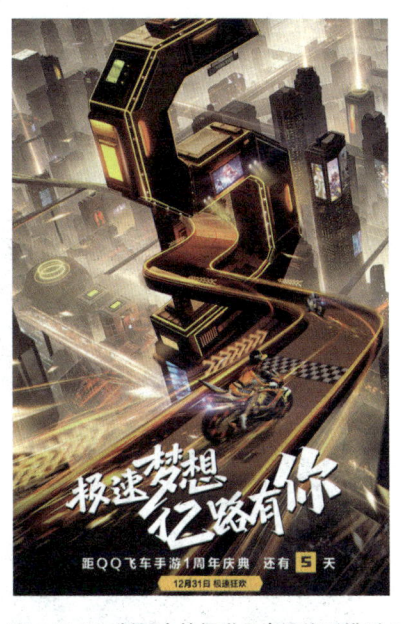　　图 4-5-12 版面中的视觉元素回旋形排列 2

图 4-5-13 版面中的曲线视觉流程 1 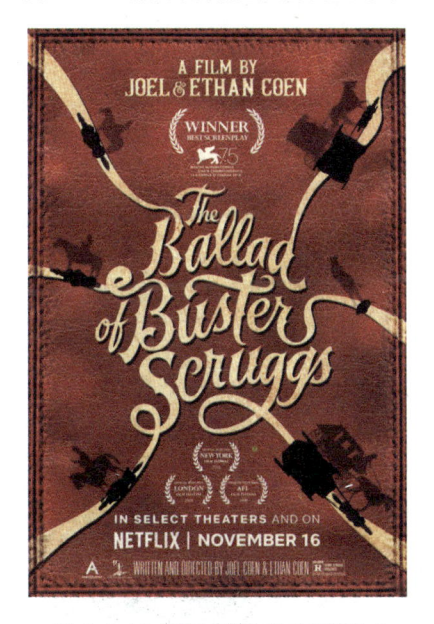　　图 4-5-14 版面中的曲线视觉流程 2

4.5.3 重心视觉流程

重心视觉流程是指视觉会沿着形象方向与力度的伸展来变换、运动，表现出向心力或重力的视线运动。重心是指视觉心理的焦点，版面中的每个页面都独有一个视觉焦点，这是需要重点处理的对象。重心是否突出，与页面的版式编排、图文位置，以及色彩的运用有关，同时也与重心着力表现有关。在视觉心理的作用下，重心视觉流程的运用会使主题更为鲜明、强烈。

重心视觉流程有三种表现形式：一是重心视觉运动，直接以独立且轮廓分明的形象占据版面中心；二是离心视觉运动，犹如将石子投入水中产生一圈向外扩散的弧线波纹；三是向心视觉运动，视觉元素向版面中心聚拢。重心是视觉心理的中心。重心的诱导流程使主题更为鲜明、突出而强烈（图 4-5-15）。

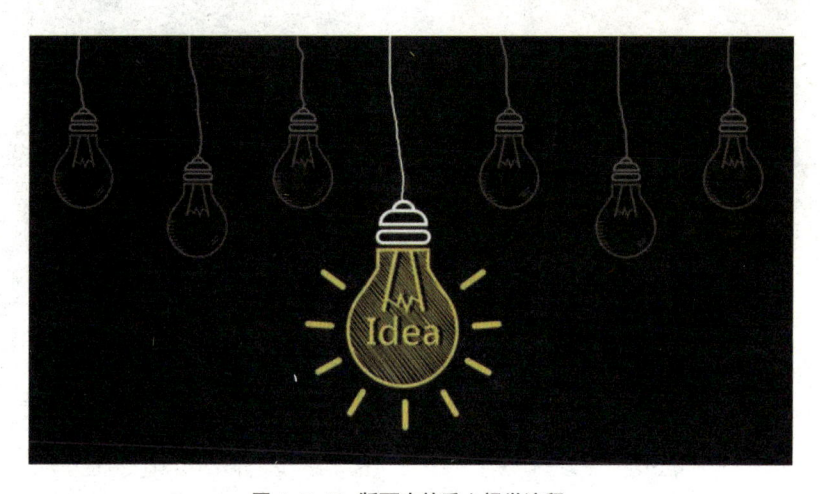

图 4-5-15 版面中的重心视觉流程

一个版面自有其重心，而重心视觉流程最显著的特点就是强烈的形象或文字独据版面的重要位置，甚至整个版面，使人第一眼看上去就具有很明确的视觉主题（图 4-5-16、图 4-5-17）。

图 4-5-16 版面中具有很明确的视觉主题 1　图 4-5-17 版面中具有很明确的视觉主题 2

在平面构图中，任何形体的中心位置都和视觉的安定有紧密联系。人的视觉安定与造型的形式美的关系比较复杂。在接触画面时，人的视线常常迅速由左上角到左下角，再通过中心部分至右上角，经右上角又回到画面最吸引视线的中心视圈停留下来，这个中心点就是视觉的重心。需要注意的是，画面轮廓的变化、图形的聚散、色彩或明暗的分布等都可以对视觉重心产生影响。

4.5.4 反复视觉流程

反复视觉流程是指在设计中，相同或相似的视觉元素按照一定的规律有机地组合在一起，可使视线有序地沿着一定的方向流动，引导观者反复浏览，以此来强调版面的主题。

反复视觉流程不如单向、曲线和重心流程运动强烈，但更富于韵律和秩序美。这种视觉流程适合用于需要安排许多分量相同的视觉元素的版面设计，如在电影海报上做反复视觉流程，重复的可以是图片，也可以是标题或者标志等，重复的部分能够给人留下深刻的印象。

在做重复设计时，一定要注意节奏与韵律，不能流于呆板。这些要素既可以是相同的，也可以是相似的，都具有一定的数量，达到统一中求变化（图 4-5-18）。

图 4-5-18 反复视觉流程版面中的节奏与韵律 1

反复视觉流程也可以使构成要素在秩序的关系里有意违反秩序，使少数、个别的要素突出，以打破规律性。这种局部的、少量的突变，突破了常规的单调性与雷同性，成为版面趣味中心，产生醒目、生动感人的视觉效果，具有强烈的韵律感和秩序美（图 4-5-19、图 4-5-20）。

图 4-5-19 反复视觉流程版面中的节奏与韵律 2

图 4-5-20 反复视觉流程版面中的节奏与韵律 3

4.5.5 导向视觉流程

　　导向视觉流程是通过诱导元素，主动引导读者的视觉线沿一定方向顺序运动，由主及次，把画面各构成要素依序串联起来，形成一个有机整体，使其重点突出、条理清晰，能够发挥最大的信息传达功能。导向视觉流程设计是通过指向的设计，将想表达的主要内容凸显，条理清晰，并能将信息简洁明了地传达给读者。编排中的导向有虚有实，表现多样，如文字导向、手势导向、形象导向及视线导向等。

文字导向

通过语义的表达产生理念上的导向作用，也可以对文字进行特性化处理，对浏览者产生自觉的视觉引导（图4-5-21）。

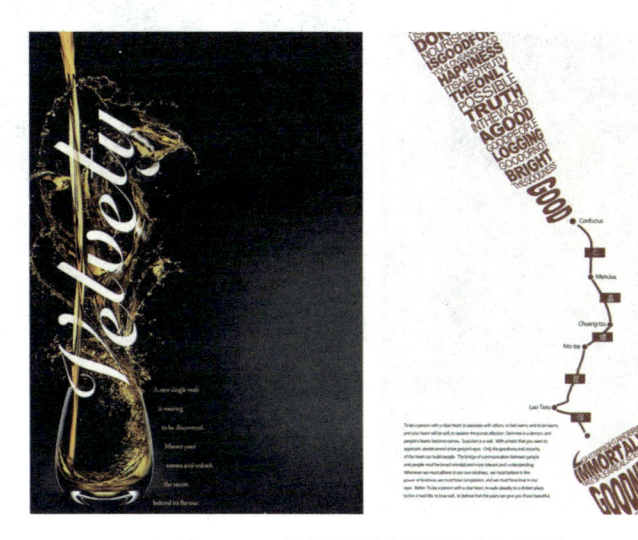

图4-5-21 导向视觉流程版面中的文字导向

手势导向

通过指示性的箭头、手指或具体实感的线条来引导视线，手势导向比文字导向更容易理解，且更具有一种亲和力（图4-5-22）。

图4-5-22 导向视觉流程版面中的手势导向

形象导向及视线导向

往往以图片中人或物的朝向来引导观者的视觉，如人物的目光方向、线条的朝向等（图4-5-23）。

图 4-5-23 导向视觉流程版面中的形象导向及视线导向

4.5.6 散点视觉流程

散点视觉流程指版面中图与图、图与文等各元素之间形成一种分散、没有明显方向性的编排设计。版面布局强调情感性、自由性，加强对空间和动感的重视，如内容较多的海报画面常采用散点视觉流程进行设计，通常以较随便的风格呈现，阅读自主性强，视线可随意在图像、文本之间上下、左右移动。这种阅读过程不如直线、弧线等流程快捷、明朗，但是充满了趣味性，给人活跃、跳动、自在的视觉体验，更加体现海报的个性和独特（图 4-5-24）。

图 4-5-24 散点视觉流程版面设计 1

在编排上，将构成要素做不规律的排放，能形成随意、轻松的视觉效果。但要注意统一气氛，进行色彩或图形的相似处理，避免杂乱无章。同时又要突出主体，符合视觉流程规律，这样才能取得最佳的诉求效果。散点视觉流程与一般严谨、理性、庄重、规则的设计正好相反，这种形态时常给人随意、感性、自由、生动、轻松、活泼之感，并且产生空间感和动感，也许正是因为这一点，散点视觉流程的编排方式正日趋流行（图4-5-25）。

图 4-5-25 散点视觉流程版面设计 2

4.5.7 最佳视域

最佳视域是指在某界定的范围内，版面上最引人注意的方位。心理学研究表明，人的视觉在一个界定的范围内，其注意力价值是不均衡的，通常画面的上部、左部、左上部和中上部是最容易受到重视的，被称为"最佳视域"。设计时为了提高视觉注目度，将重要信息或视觉流程的停留点安排在注意力价值高的位置，这便是优选最佳视域。

版面中不同视域的注目程度不同，心理感受也不同。版面上部给人以自在、轻快、高昂、积极的感受；下部给人以压抑、沉重、消沉和稳定的印象；左侧令人感觉轻便、自由舒展，富于活力；右侧令人感觉紧蹙、局限，却又庄重。

以上前5项流程均为具有方向和理性的流程。在编排方向性视觉流程关系时，应注意各信息要素间间隙大小的节奏感。若间隙大，则节奏减慢，显得视觉流程舒展，但过大则会失去联系，彼此无法呼应，视觉流程显弱；间隙小，布局显得紧凑，节奏强而有力，信息可视性强，但间隙过小，会显得紧张、拥挤，造成视觉疲劳，而无法清晰、快捷地传达主题。总之，科学合理的视觉流程设计能够激发读者的阅读兴趣，引导读者的视线按照设计者的意图，合理、快捷、有效地获取最佳印象，以实现视觉传达的目的（图 4-5-26、图 4-5-27）。

图 4-5-26 最佳视域的版面设计 1　　　　　　图 4-5-27 最佳视域的版面设计 2

第五章

版式设计的构思与创意

版式设计主要强调创意的表现，一是针对主题思想的创意，一是版面编排的设计创意。另外，还要有优越的审美观念，追求个性品位。一个优秀的版式设计不只是字体、图形、色彩等视觉元素组合的载体，更是创意者的构思舞台。版式设计主要是以视觉来判断整体的构思效果，因此，要利用表面的形式来感受其主题思想。

5.1 版式设计基本形式类型

版式设计的应用范围涉及报纸、刊物、书籍（画册）、产品样本、挂历、展架、海报、易拉宝、招贴画、唱片封套和网页页面等各平面设计领域。

平面设计中的编排形式有 13 种基本版面类型，分别为满版型、分割型、倾斜型、三角型、曲线型、自由型、轴式体系、放射式体系、膨胀式体系、模块式体系、双边式体系、栅格式体系和随意式体系。

5.1.1 满版型

满版型版式设计是用图像或图形充满整个版面，一般多设置为不留白边，两边或四边设计出血版，图像、图形不受版心约束，跨余白做"出血"处理。出血图像的一边或几个边充满页面，有向外扩张和舒展之势，一般用于传达抒情或运动信息的页面，因为其不受边框限制，感觉上与人更加接近，便于情感与动感的发挥。

满版设计的主要特征是可根据内容和构图的需要自由发挥，强调设计个性化。这种版式大多有很强的视觉冲击力，多用于商业广告，以文字压在图像上方或图文并茂的形式呈现（图 5-1-1、图 5-1-2）。

图 5-1-1 满版型版式的版面设计 1    图 5-1-2 满版型版式的版面设计 2

5.1.2 分割型

分割型版式设计是把整个版面分成上下或左右两部分，分别安排图片和文字。这是一种比较常见的版面编排形式，其特点是画面中各元素易形成平衡，结构稳当，风格平实，在图片和文字的编排上，往往按照一定比例进行分割编排配置，给人以严谨、和谐、理性的美。

常用的分割方法有 3 种，分别为等形分割、自由分割、比例与数列分割。分割版面时形成的区域边界是网格线的变型，区域边界线本身所起的作用基本上和网格系统一致。在分割型版面中，被分割的两个部分会自然形成对比，有图片的部分感性，具有活力，文案部分则理性、平静（图 5-1-3、图 5-1-4）。

图 5-1-3 分割型版式的版面设计 1

图 5-1-4 分割型版式的版面设计 2

5.1.3 倾斜型

在一些创意和设计类杂志，还有画册或海报上，我们会看到一种比较新颖的排版方式，整个版面的文字或图片都是倾斜编排，既充满了强烈的活跃动态美感，又显得斜中有序，吸引人注目阅读。

倾斜型版式利用画面上的不稳定因素（重心不稳）和动感，产生视觉冲击力，引人注意。倾斜构成版式设计比水平或垂直构成版式设计更加复杂、有趣，更吸引眼球（图 5-1-5、图 5-1-6）。

图 5-1-5 倾斜型版式的版面设计 1

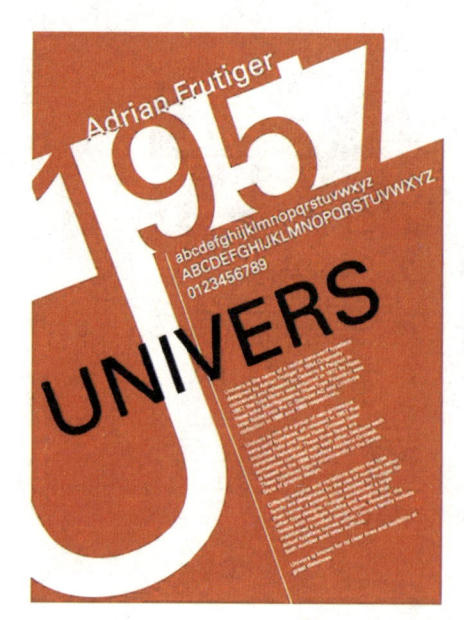

图 5-1-6 倾斜型版式的版面设计 2

在倾斜型版式设计中，线本身就具有导向性，而且线的种类繁多，不同的线对人们视觉的引导性也大不相同。

水平线给人平静和安定感，会引导人们的视线依照视觉习惯从左到右进行移动。垂直线给人一种向上延伸，或向下降落的感觉，所以我们的视线也会在画面中随之做自下而上，或自上而下的运动。而当斜线出现的时候，则打破了画面原本的平静，给人不稳定和运动的感觉，因此，视线会跟随斜线的倾斜方向移动（图 5-1-7、图 5-1-8）。

图 5-1-7 倾斜型版式的版面设计 3 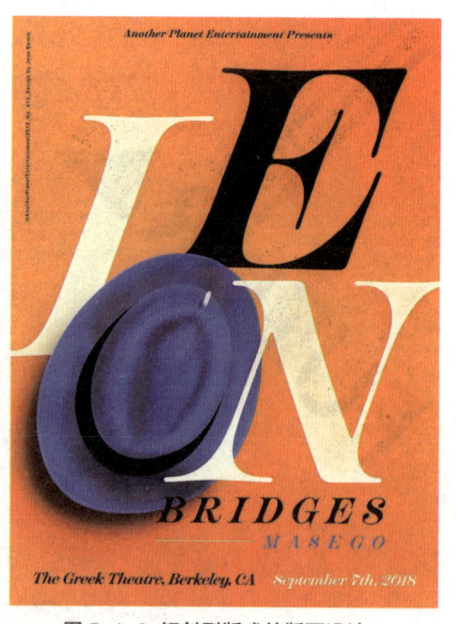   图 5-1-8 倾斜型版式的版面设计 4

5.1.4 三角型

三角型版式起源于三角形构图方法，根据人们对图形的认识，三角形是图形中最简单且最具稳定性的图形。常用法分为正三角型、侧三角型和倒三角型（图5-1-9至图5-1-12）。

图5-1-9 三角型版式的版面设计1

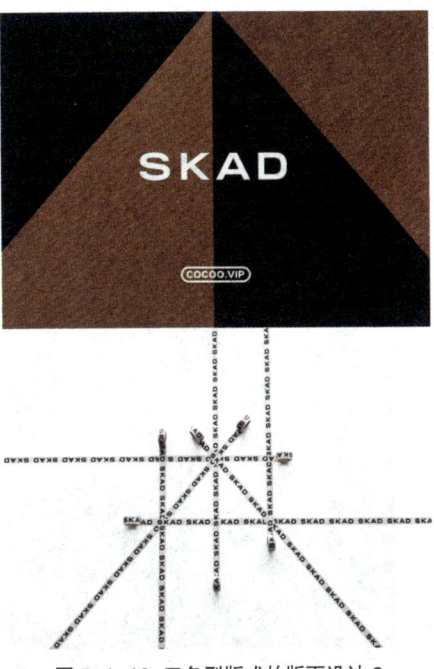

图5-1-10 三角型版式的版面设计2

图5-1-11 三角型版式的版面设计3

图5-1-12 三角型版式的版面设计4

5.1.5 曲线型

曲线型版式设计是将同一版面内的图和文字等视觉元素排列成曲线型，形成一定的节奏和韵律，产生一定的趣味性，能够引导观者的视线。

曲线型的版式设计应具有流动、活跃、动感的特点，曲线和弧形在版面上的重复组合可以呈现流畅、轻快，富有活力的视觉效果。曲线的变化必须遵循美的原理法则，具有一定的秩序和规律，又有独特的个性（图5-1-13至图5-1-15）。

图 5-1-13 曲线型版式的版面设计 1 　　　图 5-1-14 曲线型版式的版面设计 2

图 5-1-15 曲线型版式的版面设计 3

5.1.6 自由型

　　自由型版式设计指在版面结构中没有任何规律，随意编排图和文字等视觉元素。自由型版式将图像分散排列在页面各个部位，具有自由、轻快的感觉。在编排时，将构成要素在版面上做不规则分散状排列，会形成随意、轻松的视觉效果。采用这种版式时应注意图像的大小、主次，以及方形图、退底图和出血图的配置，同时还应考虑疏密、均衡、视觉流程等。将各要素分散在版面各个部位，以各施所长，这种貌似随意的分散，其实包含着设计者的精心构置，视点虽然分散，但整个版面仍应给人以统一、完整的感觉（图 5-1-16、图 5-1-17）。

图 5-1-16 自由型版式的版面设计 1

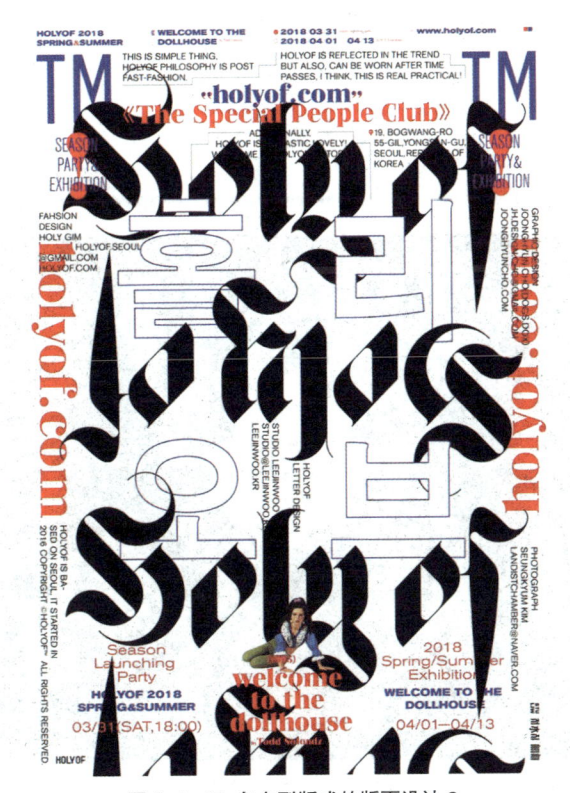

图 5-1-17 自由型版式的版面设计 2

5.1.7 轴式

　　轴式体系是所有设计元素沿着一条轴线或左、或右、或上、或下将图形作水平方向或垂直方向排列，文字配置在上下或左右。水平排列的版面给人稳定、安静、平和、含蓄之感。垂直排列的版面，给人强烈的动感（图 5-1-18、图 5-1-19）。如果轴式体系版面中的轴线在版面上倾斜一定的角度，就变成了前面所说的倾斜型版式。

图 5-1-18 轴式版式的版面设计 1　　　　图 5-1-19 轴式版式的版面设计 2

5.1.8 放射式

　　放射式体系是所有视觉元素由一个焦点扩展开来的，其中，焦点可以是明显的，也可以是隐藏的。由于放射式体系的文字不是传统的水平方向排列，各条字行延伸角度和方向又各不相同，所以版式设计的易读性较差（图 5-1-20、图 5-1-21）。

图 5-1-20 放射式版式的版面设计 1

图 5-1-21 放射式版式的版面设计 2

5.1.9 膨胀式

膨胀式体系是所有设计元素由一个中点以圆圈形式展开，观者的视线会沿着圆弧线移动，或被焦点所吸引。膨胀式体系就是圆的有规律膨胀，常见的形式有切线式膨胀、非同心圆膨胀、多重式膨胀等（图 5-1-22、图 5-1-23）。

图 5-1-22 膨胀式版式的版面设计 1

图 5-1-23 膨胀式版式的版面设计 2

膨胀式体系的版式小样示意图如下（图 5-1-24）。

图 5-1-24 膨胀式的版式小样

5.1.10 模块式

模块式体系是所有设计元素分为若干个标准模块来编排版面。模块式体系的版式依赖于标准的抽象元素或单位，它们作为载体来承载和包容图和文字等信息内容。模块在外观形态上可以是任意形状，比如细线方块或矩形；也可以是较为复杂的几何形状，比如圆、椭圆、三角形等（图 5-1-25、图 5-1-26）。

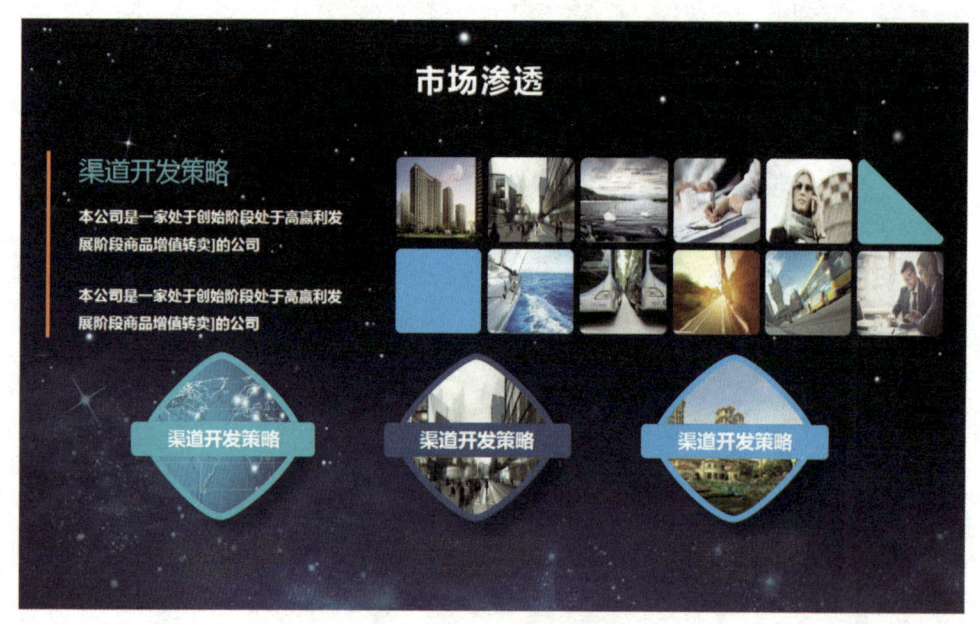

图 5-1-25 模块式版式的版面设计 1

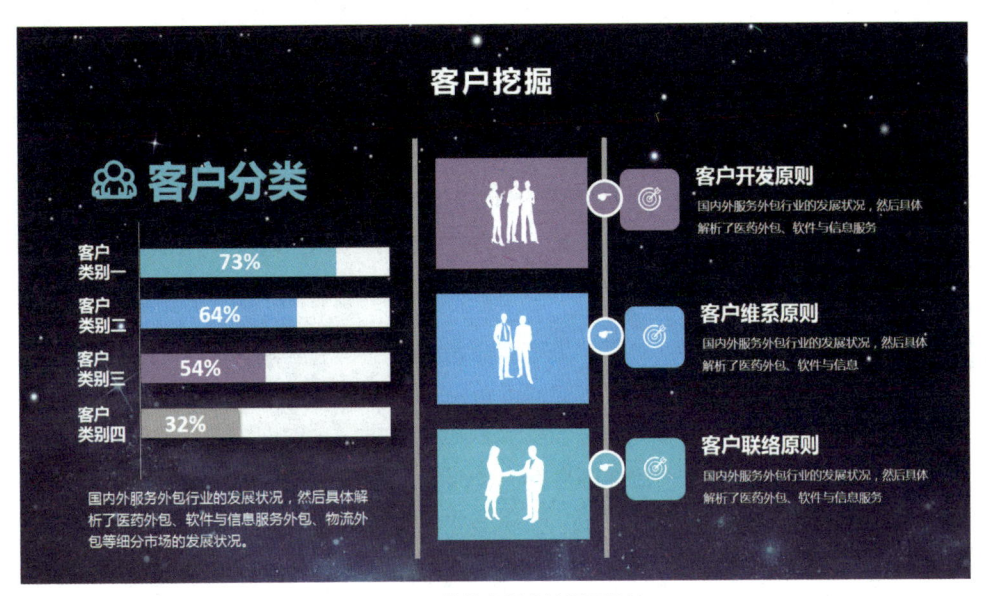

图 5-1-26 模块式版式的版面设计 2

5.1.11 双边式

双边式体系是依据一条轴线的对称式的排版形式。轴线在版面中的位置不固定，与前面讲到的轴式体系和倾斜型版式类似（图 5-1-27）。

图 5-1-27 双边式版式的版面设计

5.1.12 栅格式

在进行版式设计之前,我们需要先了解和认识一个新的概念——栅格。栅格(Grid)设计又叫标准尺寸系统、程序版面设计及瑞士版面设计,是一种运用固定的格子设计版面的方法,即利用页面上预先确定好的网格,按照一定的视觉原则在网格内分配文字、图片、标题等元素。英语中的"Grid"一词源自"Gridiron",意为格栅、网栅或网格。

栅格设计不是简单地将文字、图片等要素并置,而是遵循画面结构中的相互联系发展出来的一种形式美法则。它的特征是重视比例、秩序、连续感和现代感。栅格设计成功的关键在于纵横划分版面的关系和比例。当我们把技巧、感觉和栅格这三者融合在一起,灵活而创造性地进行设计时,就会产生精美大方、令人印象深刻的版面,并在整体上给人一种清新感和连续感,具有与众不同的统一效果。同时,设计工作也因此更加方便,设计者不会再因图与图之间的距离,文字与图之间的关系等方面的问题而伤脑筋。

栅格系统又是版式设计理论体系中的一个不可缺少的组成部分,它既能满足版式设计所需要的功能性,同时还能突破功能性对审美的局限,使形势与功能完美地结合在一起。栅格系统设计需要依据数理的分析进行创造,其形式美的应用也是如此,所以,栅格系统具有一种理性的美感。

我们在版式设计中使用的所有元素都是按照这些格子的划分有序分布、组织的。在栅格系统中,对齐是一个基本的原则,包括竖向对齐——栏的划分,图片和文字与栏的竖向对齐,同时也包括横向对齐——对开页中图文的左右横向对齐与协调(图5-1-28、图 5-1-29)。

图 5-1-28 栅格式版式的版面设计 1

图 5-1-29 栅格式版式的版面设计 2

栅格式体系（网格系统）是使用垂直和水平分割来编排所有设计元素，创造彼此之间的联系。栅格式体系看似简单，但其本身在形式上存在着万千变化，它既有益于设计师快速学习掌握，又兼有版式设计要求的可读性、有序性、易读性三大优势（图 5-1-30、图 5-1-31）。

图 5-1-30 栅格式版式的版面设计 3

图 5-1-31 栅格式版式的版面设计 4

5.1.13 随意式

　　版面中所有视觉元素的编排，没有明确的目标、模式、方向、规则、方式或意图，这种形式的设计，看似简单，实则不然。版面上随意摆放的图和文字等各种视觉元素，表面上杂乱无章，但是观者会下意识地在大脑中对这些散乱的视觉元素进行组织或联系。

　　随意式手段有角度、肌质粗糙、非水平、非排列、交叠被剪切、没有固定模式。这样一来版式的易读性较差，但是这种随意性会给版面带来很强的动感，显得版面形式非常自然（图5-1-32、图5-1-33）。

图5-1-32　随意式版式的版面设计1

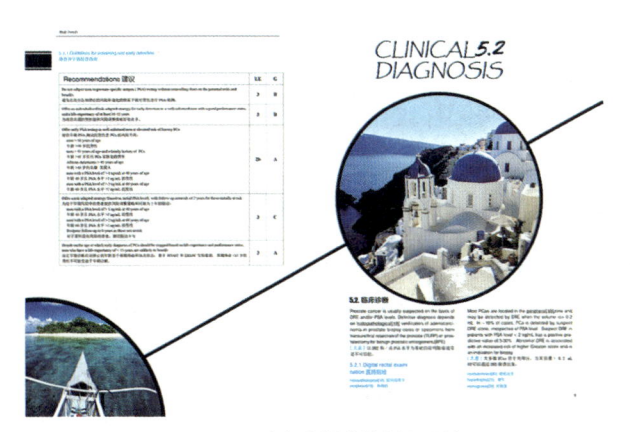

图 5-1-33 随意式版式的版面设计 2

5.2 版式设计的排版方法

很多设计师在遇到过多图片时，总是不知道如何去处理图片的布局。当遇到这些情况时，应该将它们进行信息的层级处理和区域划分，应用适合的排版方法再合理进行编排，该留白的地方就大胆地去预留空间，该对齐的地方就应该仔细地做好每个细节。

5.2.1 平铺图片的排版方法

平铺图片指的是将图片铺满整个画面，充当版面设计中的整个背景，这样的设计方式多用于书面封面、企业画册的设计。

使用平铺图片的版式设计，最好选择具有吸引力的、能够突出主题的图片，文字不宜过多，因为图片铺满整个画面已经很饱和，文字太多、太杂会使整个画面过于混乱，令人找不到重点。如果图片是表达主题的，那么文字排版最好不要影响主图的视觉中心，选择主题空缺位置等不影响主题阅读和识别性的位置排版即可（图 5-2-1、图 5-2-2）。

图 5-2-1 平铺图片的版面设计 1 　　图 5-2-2 平铺图片的版面设计 2

5.2.2 图片居中的排版方法

图片居中排版指的是将图片放在画面的中间位置，且让四周留白的对应位置的空间保持一致。

我们在做设计的时候要明确表达的主题，并且要找到最能表达主题的设计方式，有的主题使用图片会更容易表达中心思想，但是有的利用文字才能更好地渲染主题，所以我们要考虑设计的目的。文字排版最好还是能突出主题，并且遵循大标题、小文章的设计原则，能够让用户一眼看到我们的主题。文字的选择上最好也不要用太多的文字样式，保持在 3 种文字以内最佳（图 5-2-3）。

图 5-2-3 图片居中的版面设计

5.2.3 图片平铺 + 色块 + 文字的排版方法

图片平铺 + 色块 + 文字指的是将图片平铺在版面中，可以是和第一种一样的全铺，也可以是非全铺，还可以在图片上加一个有颜色的色块，再把文字叠加在色块上（图 5-2-4、图 5-2-5）。

根据图片的颜色，我们最好选择和图片颜色差距较大的色块作为分割的色块，以便于区分。同时，色块最好设置为透明的，这样既不会影响主题的突出，还能看到主题图片的完整性，透明度的调整最好不要太大也不要太小，根据图片实际情况而调整。色块上的文字也要选择和色块颜色差距较大的，这样才有利于保证文字的识别性和突出性。

图 5-2-4 图片平铺 + 色块 + 文字的版面设计 1

图 5-2-5 图片平铺 + 色块 + 文字的版面设计 2

5.2.4 图片任意排版的方法

图片任意排版指的是将图片放在版面中的任意位置，不居中。

图片与主题要搭配，图片占据版面的大小和位置可以随意一些，不用那么拘束，这样能更好地展示设计感；图片的图形可以是任意的几何图形，不同场景可以搭配不一样的图形排版。文字排版大小、粗细要有所区分，错落有致，看似无序实则有序，包括留白位置要做到具有呼吸感。图片的选择最好要有引导性的视觉指示，可以根据人物或者其他主题的视线做方向性引导，使用户能够有序地浏览内容信息（图 5-2-6、图 5-2-7）。

图 5-2-6 图片任意排版的版面设计 1　　　　　图 5-2-7 图片任意排版的版面设计 2

5.2.5 图片分割排版的方法

图片分割排版指的是将图片分割成几个图形组合，但不影响图片识别的完整性。

图片分割图形的选择也是多种多样，根据需求随意变化，可以是规则的图形，也可以是不规则的图形，还可以是物体轮廓或文字样式。同时，文案排版不能影响图片的美观性和识别性（图 5-2-8 至图 5-2-11）。

图 5-2-8 图片分割排版的版面设计 1

图 5-2-9 图片分割排版的版面设计 2

图 5-2-10 图片分割排版的版面设计 3

图 5-2-11 图片分割排版的版面设计 4

5.2.6 图片跨页排版的方法

图片跨页排版指的是图片占据在版面的两个面，大小随意。

图片最好选择横构图，并且图片的视觉中心最好不要在跨线边缘。根据图片意境选择相应的排版方式和构图方式，视觉效果会更佳（图5-2-12、图5-2-13）。对于文案较多的排版设计，我们尽量做到有大标题和小标题的区分，以便于用户直接找到自己感兴趣的话题进行下一步浏览。

图 5-2-12 图片跨页排版的版面设计 1

图 5-2-13 图片跨页排版的版面设计 2

第六章

版式设计中的图文编排

在平面版式设计的几个主要构成要素中，除了版面编排、文字、图形、色彩，图片占有非常重要的地位。特别是在目前的平面版式设计之中，图片的地位更是举足轻重，没有图片作为基本表现手段，其设计的形式将会大相径庭。图片原本并非为了完善平面设计而出现，它本身是作为独立艺术形式呈现给世人的，直到今天，它的这一主要功能仍然发挥着它独特的魅力。

设计师还可以通过改变字体大小、加粗、倾斜、加下划线、加底色等方法对个别文字进行强调，也可以通过对局部文字添加线框、底色或符号，正文首字放大等方法使其显得尤为突出和醒目，装饰和活跃版面。相对于文字，图形和图片能够更迅速、更直接、更形象地传达信息。

6.1 文字编排的形式

人类沟通的重要媒介——文字，在设计领域里已成为视觉传达的重要途径。文字是语言传达符号。在平面设计中，文字除了语言功能，还可以作为最基本单位的点、线、面出现在版面编排设计中，成为别具一格的版面构成的一部分。文字造型和编排布局也是现代设计的重要部分。文字的编排设计可以增强视觉传达效果，提高作品的表现力，通过有目的地组织文字的编排与设计，设计作品可以更富于艺术感染力，更能吸引观众、打动观众，更清晰、更有条理地传达内容。

6.1.1 文字编排的概念

文字编排是一种艺术创作过程，是将平面中的文字组成要素以艺术的形式加以重新整合调度，并在结构及色彩上做合理安排的一种视觉传达方式。它是一种重要的视觉传达语言，是一门相对独立的平面设计艺术。文字版面的设计同时也是创意的过程，创意是设计者思维水准的体现，是评价一件设计作品好坏的重要标准。

6.1.2 文字编排设计的技巧

提高文字的可读性

文字的主要功能是在视觉传达中向大众传达作者的意图和各种信息,要达到这一目的必须考虑文字的整体诉求效果,给人以清晰的视觉印象。因此,设计中的文字应避免繁杂零乱,应使人易认、易懂,能更好且有效地传达作者的意图,表达设计的主题和构想。

文字的位置要符合整体要求

文字在画面中的安排要考虑到全局的因素,不能有视觉上的冲突,否则在画面上主次不分,很容易引起视觉顺序的混乱,而且作品的整个含义和气氛都可能会被破坏。图 6-1-1 所示为《穿越众门之路》的封面设计,使用了略微正式感的衬线字体,线条干净,同时色彩具有医院一般的感觉,正和书籍内容相符。

图 6-1-1 《穿越众门之路》封面设计

在视觉上应给人以美感

在视觉传达的过程中,文字作为画面的形象要素之一,具有传达感情的功能,因而它必须具有视觉上的美感,能够给人以美的享受。字形设计良好、组合巧妙的文字能使人感到愉悦,留下美好的印象,从而获得舒适的心理反应;反之,则使人视觉上产生不适感,甚至会让观众拒绝浏览,这样势必难以传达作者的设计意图和构想(图 6-1-2、图 6-1-3)。

在设计上要富于创造性

根据作品主题的要求,突出文字设计的个性色彩,创造与众不同、独具特色的字体,给人以别开生面的视觉感受,有利于作者设计意图的表现。在设计时,应从字的形态特征与组合上进行探求,不断修改,反复琢磨,这样才能创造出富有个性的文字,使其外部形态和设计格调都能唤起人们的审美愉悦感受,如对文字的笔画做特殊的加工处理往往会产生一些意想不到的效果(图 6-1-4、图 6-1-5)。

图 6-1-2 图像与文字穿插设计　　　　图 6-1-3 动感的手绘字体设计

图 6-1-4 对英文字母做特殊的加工处理　　图 6-1-5 将文字编排在一个形状中使其图片化

6.2 图像编排设计的技巧

　　版面中的图形应该理解为除文字外的一切有形的部分。图形、图像比文字更具有视觉效果，在视觉传达上可以辅助文字，帮助理解，从而起到可阅读的作用。图形、图像主要具有简洁性、夸张性、具象性、抽象性和文字性等特征。以简洁、单纯且鲜明为图形主要特色，它运用几何形的点、线、面及圆、方、三角等形状构成，是规律的概括与提炼。所谓"言有尽而意无穷"，就是利用有限的形式语言营造空间意境，让读者用丰富的想象力去填补、联想、体会。计算机为图形、图像设计提供了广阔的设计平台，促使图形、图像的视觉语言变得更加丰富多彩。

6.2.1 图像的形式

图像在排版设计中，占有很大的比重，视觉冲击力比文字强 85%；图像在视觉传达上能辅助文字，帮助理解，可以使版面更立体、真实。因为图像能具体而直接地把我们的意念高素质、高境界地表现出来，使本来物变成强而有力的诉求性画面，充满更强烈的创造性。图像在排版设计要素中形成了独特的风格，是吸引视觉的重要素材，具有视觉效果和导读效果。

方形图像

图像以直线边框来规范和限制，是一种常见、简洁、单纯的形态。方形图使版式图像内容更突出，且将主题形象与环境共融，能够完整地传达主题思想，富有情节性，利于渲染气氛。配置方形图的版式设计，给人以稳重、可信、严谨、理性、庄重和安静等感觉，但有时也显得平淡、呆板（图 6-2-1、图 6-2-2）。

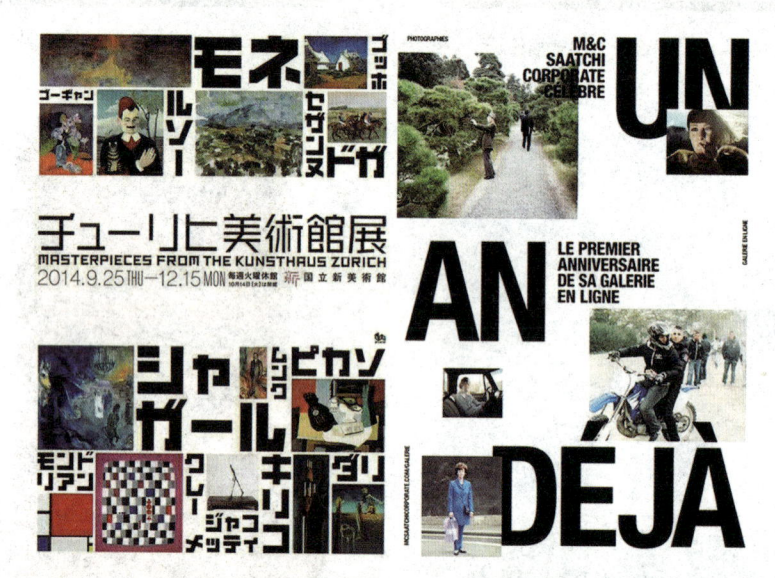

图 6-2-1 运用大小不同的方形图进行有序的编排 1

图 6-2-2 运用大小不同的方形图进行有序的编排 2

退底图像

将图像中的背景去掉，只留下主题形象，在印刷术语中也称为"去底""挖版"。退底图像自由而突出，更具有个性，因而给人印象深刻。配置退底图的版式设计轻松、活泼，动态十足，而且图文结合自然，给人以亲和感，但也容易造成凌乱和不整体的感觉（图 6-2-3、图 6-2-4）。

图 6-2-3 配置退底图的版式设计 1 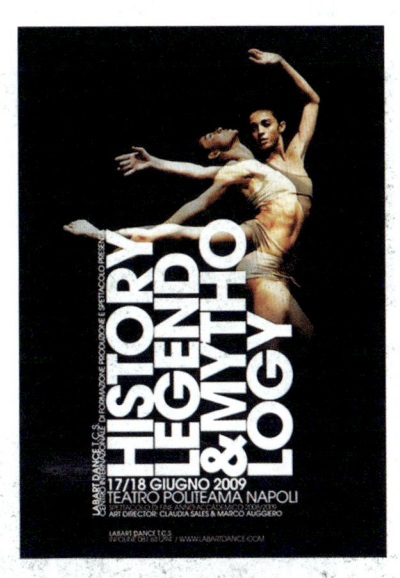　　图 6-2-4 配置退底图的版式设计 2

出血图像

图像的一边或几个边充满版式页面，有向外扩张和舒展之势。一般用于传达抒情或运动信息的版式设计，因不受边框限制，感觉上与人更加接近，便于情感与动感的发挥（图 6-2-5、图 6-2-6）。

图 6-2-5 海报的主体充满版式页面两边，有向外扩张和舒展之势 　　图 6-2-6 局部的出血设计不受边框限制，构图巧妙，便于情感与动感的发挥

合成图像

　　图像的合成除了经过暗房技术制作图片合成，现代设计软件 Photoshop 的合成功能更显强大，产生的合成效果也千变万化，这更有利于设计师设计意念的表达。制作广告海报、插画、壁纸等平面设计作品都常用到合成图像的功能。合成并不是简单的拼凑，它需要运用各种素材，通过组织、处理、修饰、融合等多种视觉处理方法得到新的图像，因此需要较高的艺术修养和 PS 操作能力（图 6-2-7、图 6-2-8）。

图 6-2-7 国外某广告合成过程图：在室内拍摄动物时要注意光线的方向与自然风景照片相符，合成的新图像才能自然逼真

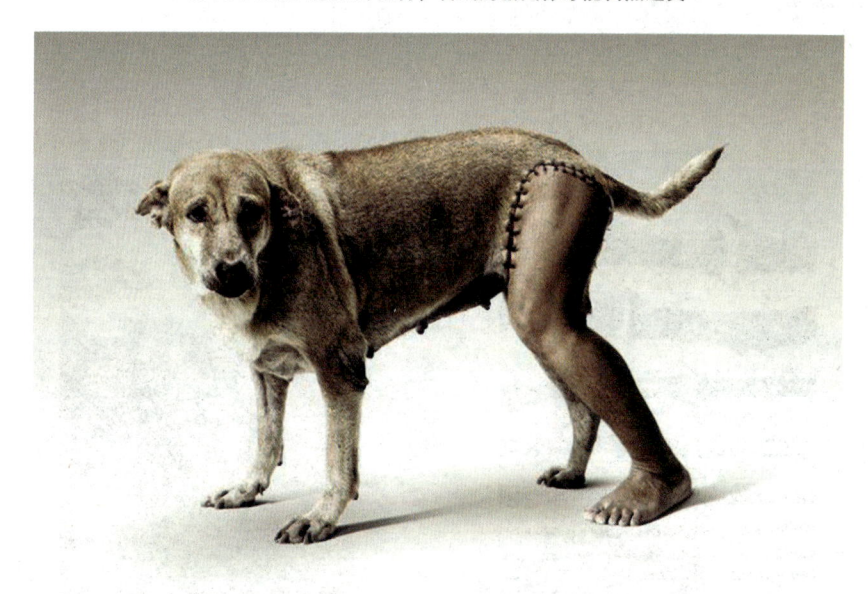

图 6-2-8 国外某创意广告设计：大胆采用人体与动物的肢体进行创意组合合成，给人强烈的视觉冲击力

打散重构图像

打散重构就是将原本完整的图像重新进行拆分、打散，重新组织搭配，在版式设计中指有目的的创新重构。将完整的摄影图像裁剪、打散，再从设计的角度进行重新组合、破碎、错叠，给人带来不稳定、错乱的视觉感受（图 6-2-9、图 6-2-10）。

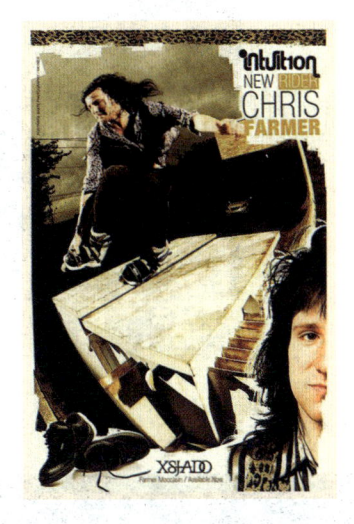

图 6-2-9 将完整的摄影图像裁剪、打散，再从设计的角度进行重新组合

图 6-2-10 将电影中每位主要人物进行面部特写摄影，经设计分割后重组

6.2.2 图像的位置

图像放置的位置直接关系到版面的构图布局，版面中的左右、上下及对角线的四角都是视线的焦点，在这焦点上恰到好处地安排图片，版面的视觉冲击力就会明显地表露出来。在编排中有效地控制住这些点，可使版面变得清晰、简洁而富有条理性（图 6-2-11、图 6-2-12）。

图 6-2-11 将主角的背影放置版面的视线焦点上，辅助居中的文字排版使得整体版式设计紧凑，主题突出

图 6-2-12 将传统的水墨造型与西方的设计完美融合，追求构图的简略与传达的丰富性并存、相融

6.2.3 图像的数量

　　图像的数量多少，可影响到读者的阅读兴趣。如果版面只采用 1 张图片时，那么其质量就决定着人们对它的印象，往往这是显示出格调高雅的视觉效果之根本保证。增加 1 张图片，就能变成较为活跃的版面，同时也就出现了对比的格局。图片增加到 3 张以上，就能营造出很热闹的版面氛围，非常适合于普及性和新闻性较强的读物。有了多张照片，就有了浏览的余地。数量的多少，并不是设计者的随心所欲，重要的是根据版面的内容来精心安排（图 6-2-13、图 6-2-14）。

图 6-2-13 意大利《GENTE》杂志中，多张照片有序组合，大小穿插，新闻阅读性强

图 6-4-14 国外某网站首页采用一张图片居中平铺，大气简洁，显示出格调高雅的视觉效果

第七章

版式设计在视觉传达设计中的应用

具有特色的版式设计往往就像一座桥梁，能在读者和作者之间起到很好的沟通作用，使读者有层次地进入佳境，在不知不觉中浏览全篇内容。版式设计能够很好地将图形通过各种变化、组合，搭配色彩与色调、肌理、空间等构成画面表现语言。艺术设计离不开版式设计的支撑，在所有成功的艺术设计宣传途径里，我们都可以找出版式设计的中心思想。

版式设计是视觉传达设计的重要组成部分，也是一切视觉传达艺术的舞台。强调版面的艺术性不仅是对观者阅读需要的满足，也是对其审美需要的满足。版式设计是一个调动文字字体、图片图形、线条和色块等因素，根据特定内容的需要将它们有机组合起来的编排过程，并能够运用造型要素及形式原理把构思与计划以视觉形式表现出来。

7.1 书籍装帧版式设计

书籍装帧的版式设计在编排形式上与其他视觉传达的编排有一定的区别，既有广告性，又有捧在手上细细品味的书卷气；有强烈的视觉效果，又要与书籍内容精神相符合。它在一种既定的开本上，把书籍原稿的结构、层次、插图等方面作艺术的处理，使书籍各个部分协调、美观，便于阅读（图7-1-1、图7-1-2）。

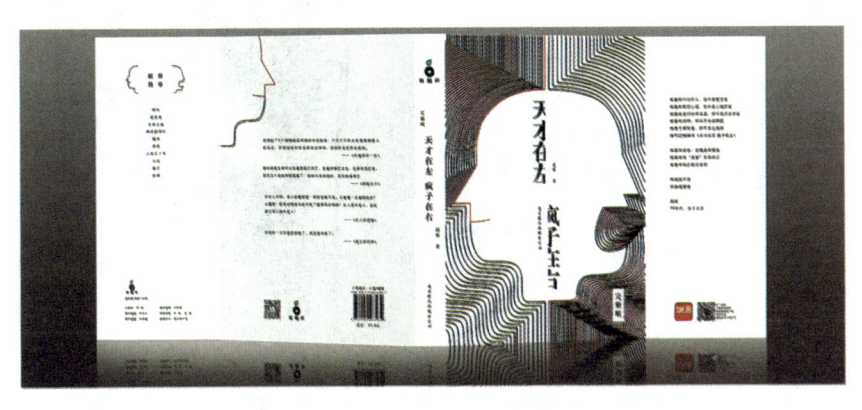

图 7-1-1 书籍封面版式设计

图 7-1-2 《小红人的故事》封面的字体选择、版式排列，以及封面上的剪纸小红人，无不浸染着传统民间文化丰厚的色彩，整体设计纯朴、浓郁，极具个性特色

书籍的版式构成是通过对文字的排列，字体的选择，图像、图形的编排来进行统一的。其目的是使书籍的内容章节分明、层次清楚，并富有美感。书籍的版式设计应包含封面、环衬、扉页、序言、目次、正文、各级文字、图像、饰纹、空白、线条、标记、页码等，其中封面、扉页和内页版式是三大主体设计要素。

书籍封面版式设计

封面是书籍装帧艺术的重要组成部分，犹如音乐的序曲，是把读者带入内容的向导，所以在阅读者的眼里，封面设计的好坏决定人们拿起书籍翻阅的第一视觉感受。有魅力、有创意的书籍封面设计可以让人整个身心陷入文字的优美描述之中。图形、色彩和文字是封面版式设计的三大构成要素。设计者可根据书的不同性质、用途和读者对象，把这三者有机地结合起来，从而既达到传递信息的目的，又体现出书籍的丰富内涵。当然有的封面版式设计则侧重于某一点，如以文字为主体的封面设计（图7-1-3、图7-1-4）。文字是书籍装帧版式设计舞台中最主要的角色，汉字也是最具表现力的演员。因此，设计者就不能随意地丢一些字体堆砌于画面上，而要对字体的形式、大小、疏密和编排形式等方面进行设计，创造令人耳目一新的文字语言传达方式。另外，封面标题字体的设计形式必须与内容，以及读者对象相符合。成功的设计应具有感情，如政治性读物设计应该是严肃的，科技性读物设计应该是严谨的，少儿性读物设计应该是活泼的，等等。

图 7-1-3 封面上似字非字的狂草"守望三峡"4个字，整体造型冲击读者的心绪

图 7-1-4 以文字为主体的封面设计

书籍扉页版式设计

  随着现代书籍装帧设计日益发展，扉页也呈现不同的编排设计与表现形式。内容很好的书籍如果缺少扉页，就犹如白玉之瑕，减弱了其收藏价值。扉页的版式常采用装饰性的图案，或与书籍内容相关并且具有代表性的插图进行设计，采用的印刷材质也跟内文纸质有所区别，如采用高质量，富有肌理的各种艺术纸，并选用更多现代印刷特效。随着人类文化的不断进步，扉页设计越来越受人们的重视，真正优秀的书籍应该仔细设计书前书后的扉页，以满足读者的要求（图7-1-5）。

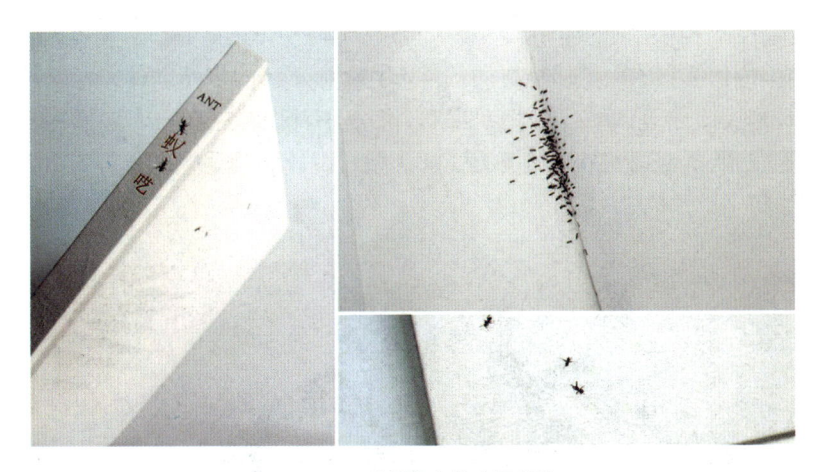

图 7-1-5 大量留白的扉页设计

  图7-1-5所示的《蚁呓》是书籍装帧设计师朱赢椿的作品。书籍的设计精减到极致，通过大量留白传达一种特殊的设计理念：毫无保留的空白表达出对蚂蚁这个小得微不足道的生命的尊重。扉页上出现的大量写实蚂蚁在设计师的特意编排下，似从扉页折缝中有力地爬出，形象而生动。

书籍内页版式设计

内页的版式设计是书籍装帧设计效果的一个重要组成因素，有了它，读者更能发挥想象力和对内容的理解力，并获得一种艺术的享受。不同读物的内页版式设计应符合该读物的整体传达精神和内容，如少儿读物，由于少儿年纪尚幼，对事物缺少理性认识，需要配有较多的插图和少量文字设计才能帮助他们理解，激起他们的阅读兴趣（图7-1-6）。

图7-1-6 《欢乐童书》中，有趣的插图设计能帮助小朋友们认识44个匈牙利字母

7.2 宣传册版式设计

在市场竞争日益激烈的今天，宣传册已被广泛地应用于各个行业领域，作为现代平面设计的一个重要内容，宣传册图文并茂，紧随市场脉动，引导市场潮流，对商业宣传起到了不可忽视的作用。从宣传册的开本、字体选择到目录和版式的变化，从图片的排列到色彩的设定，从材质的挑选到印刷工艺的求新，设计者都需要做整体的考虑和规划，合理调动一切设计要素，将它们有机地融合在一起，服务于内涵。如果要将这些要素合理安排达到美感，那么版式设计则是重中之重（图7-2-1、图7-2-2）。

7-2-1 宣传册设计

图 7-2-2 画册设计

用纯色与复色穿插,版式不做过多的装饰,力求简约、纯朴。样本、宣传册的版式设计不仅是一种编排技能,它还含有一定的科学性和很高的艺术创造性。宣传册排版在符合视觉阅读习惯的基础上要大胆创新,设计出更具审美品位的画面形式。在宣传册排版设计中,尤其强调整体布局,连同内页的文字、图片、小标题等都要表现独特(图 7-2-3)。

图 7-2-3 禅茶一味宣传册设计

7.2.1 版式的有序性

样本、宣传册中每个部分都要具有有序性,做到宁稳勿乱。即使是追求新奇排版的设计,也一定要有内在的规律性,没有秩序的排版是画册设计中最忌讳的问题之一。因为画册要表现的内容很多,可利用的元素也很多,如果把元素都堆砌在画面上,而不按照一定的秩序做好排列,那这样的画册必然是次品(图 7-2-4)。

图 7-2-4 以蓝、黄、红 3 种颜色有秩序的区分 3 个章节，并配以 3 种不同元素，十分醒目

7.2.2 版式的生动性

宣传册的版式设计在有序性的前提下，排版要避免死气沉沉，尽量多采用局部灵动的版式构成形式进行编排，比如三角形、对角线式构图等（图 7-2-5、图 7-2-6）。

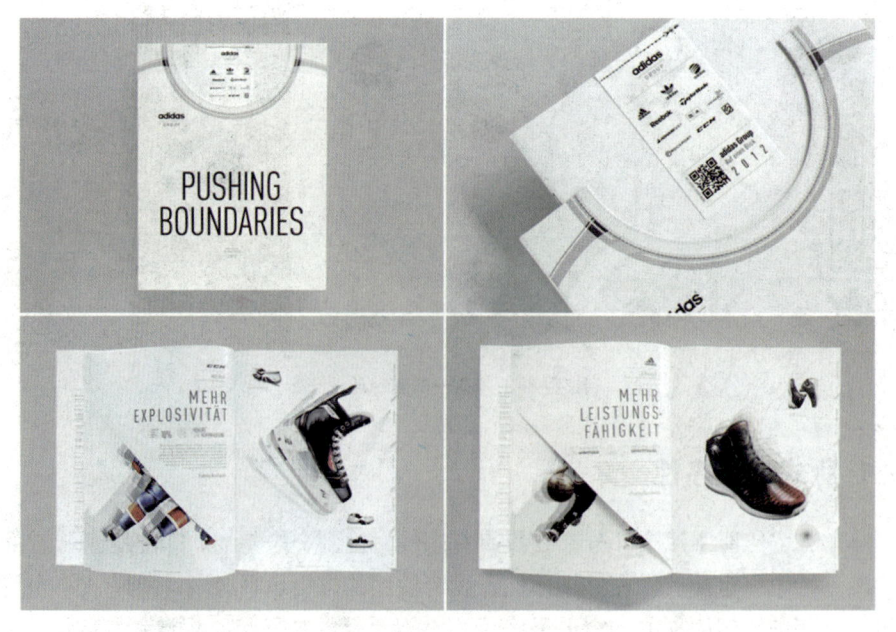

图 7-2-5 阿迪达斯将宣传册的封套设计成一件运动 T 恤的样子，宣传册内页从上部抽出，整体版式以局部对角线式构图，动感十足

图 7-2-6 商务风格的科技公司企业宣传册

7.2.3 版式的创新性

宣传册的版式设计需特点鲜明，能让消费者在阅读后留下深刻印象。画册的个性不仅表现在内容上，排版在其中也起到很大的作用。在有内在规律的前提下，排版设计尽量表现出个性与创新性，新奇的排版往往能使一本画册达到出其不意的效果（图 7-2-7）。

图 7-2-7 阿迪达斯宣传册画面运用虚实关系的摄影运动形象，个性的版式设计具有鲜明特点

7.3 产品包装版式设计

社会的快速发展，商品的大量生产和消费，促进了商品流通的进步和消费形式的变迁，从而引发了人们对生活方式、审美意识的根本变化，这就要求产品包装与之同步发展。因此，包装超越了传统意义上单纯的保护和运输功能，成为现代市场商品营销的重要环节。产品的包装素有"无声的推销员"的美誉。随着市场经济的迅速发展，竞争日益激烈，相同或相似的产品层出不穷，如何使自己的产品在众多产品中脱颖而出，在保证产品质量的同时，包装的版式效果起到了直接的作用。好的包装版式设计不仅能使产品传达给消费者的信息清晰明了，更能增强包装的视觉感染力，使消费者对产品产生购买欲望。包装版式设计的版面构成极为丰富，运用不同的空间组织形式能够使其呈现出千变万化的视觉效果。

商品种类繁多，形态各异，其功能作用、外观内容也各有千秋。所谓内容决定形式，包装也不例外，不同的商品，考虑到它的运输过程与展示效果等，因此使用材料也不尽相同。按包装材料分为纸包装、金属包装、玻璃包装、木包装、陶瓷包装、塑料包装、棉麻包装、布包装等几大类（图7-3-1、图7-3-2）。

图7-3-1　Happy Eggs鸡蛋的包装设计采用简单环保的草编包装材料，结构科学合理，经济实用

图 7-3-2 Dell Albero 柠檬酒的创意包装采用修长的玻璃瓶体容器设计，配
以简洁的瓶贴，色彩协调，具有强烈的艺术感染力和审美功能

包装设计可分为两部分：一为表面图形设计，即包装装潢设计；二为构造设计，即容器结构设计。

包装装潢设计主要由几大要素构成：商标、文字、色彩、图形、包装结构等，这些要素经过版面设计后成为一个完整的产品包装设计。图 7-3-3 所示为 2014 年第 61 届 iF 设计奖获奖作品——"气系统"茶碳酸饮料系列包装设计，设计师利用不同节气的图形代表不同的茶和碳酸结合的排版方式，把不同的茶饮区分开来，不仅使整个系列看起来新颖完整，还能带给消费者时令变迁的自然感受。

图 7-3-3 第 61 届 iF 设计奖获奖作品——"气系统"茶碳酸饮料系列包装设计

产品包装通常包含6个外立面，其中需要设计5个面（底面设计相对程度都很低），一个容器有1～3个标贴，最多可五六个，每一个外立面都是由一个个的局部形象组成，具有不可分割的关系。因此需要考虑包装盒的整体版式效果及视觉美感，运用版面设计的空间运用规律及二维空间意识形态，对版面设计中的文字、图形、色彩进行合理编排（图7-3-4）。

图7-3-4 Firewood Vodka 古朴简洁的木质容器结构设计，利用木质本身形态造型，使得倒酒口别具一格，商标及文字清晰、易读

包装盒的主要展面是版面形成的关键，通常设计为引人注目的文字、图形、色彩，如品牌形象、商标、厂家等信息，让商品首先跳入消费者眼帘，达到视觉最佳感应效果。然而主要面并不是孤立存在的，它需要依靠并运用其他几个面的文字、图像和色彩之间的连贯、重复、呼应、对比、统一等手法，形成版式的整体诉求风格，利用丰富的视觉表现语言感染受众（图7-3-5、图7-3-6）。

图7-3-5 比萨饼的外包装突破传统圆的造型

图 7-3-6 高冷茶系列包装设计

高冷茶系列包装设计是依据各山区所处的海拔，对应出代表的植物与鸟禽，以沉稳宁谧的美术形式，将传统水墨画所讲究的气韵、技巧，与现代水墨所强调的色彩结合。水墨自然挥洒、晕染的表现形式，除了具体呈现各山岭代表的鸟语植物之意象，也借由笔触间的浓浊淡透，营造出高山云雾环绕的氛围，如诗画般展现出饮茶人的素雅沉静。

7.4 招贴广告版式设计

招贴广告，即海报广告，是一种张贴于公共场所的户外平面印刷广告。招贴广告被国外称为"瞬间"的街头艺术，因此招贴广告设计必须有一定的号召力与艺术感染力，要调动形象、色彩、构图、形式感等因素形成强烈的视觉效果，体现独特的艺术风格和设计特点。招贴广告按其应用不同大致可以分为公益招贴、商业招贴、文化招贴三大类。

公益招贴

公益招贴广告是以公众的实际利益为出发点，通过有寓意的广告语言和形象中的情感来向公众传达道德观念、责任意识和行为准则，从而影响人们的观念、态度，进而强化正确行为、改变不良行为的信息活动。公益招贴广告作为一种有效的宣传手段，对于唤醒人们的环保意识、规范人们的行为准则具有重要作用（图7-4-1至图7-4-3）。

图 7-4-1 靳埭强海报设计作品

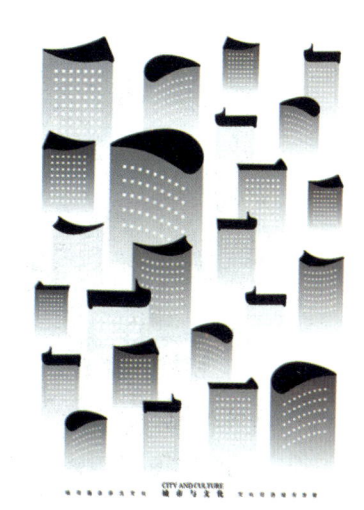

图 7-4-2 海报设计作品
《城市与文化》

《城市与文化》公益海报设计作品以中国汉字笔画展开设计,将汉字笔画与城市建筑结合,道出城市蕴含多元文化,文化促进城市发展。

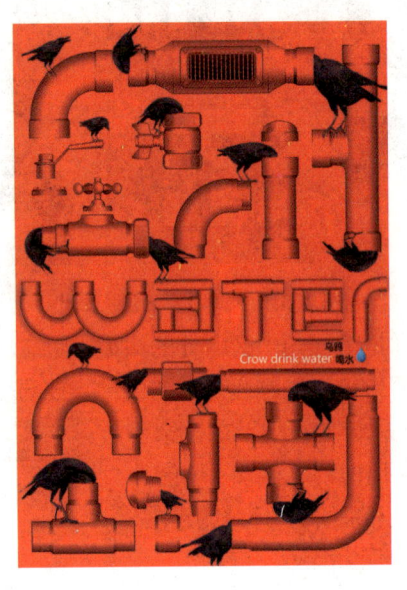

图 7-4-3 海报设计作品《乌鸦喝水》

《乌鸦喝水》公益海报设计作品的创意来自《乌鸦喝水》的故事,海报中没有水,乌鸦如何取水?以夸张的设计手法揭示水资源的严重匮乏。

文化招贴

文化招贴根植于现实,是各种社会文娱活动及各类展览的宣传海报,传达出与特定时空的具体信息,有着鲜明的文化性和情感性。文化招贴常常用轻松有趣的图形,令大街上匆匆走过的人们驻足。文化招贴包括了电影招贴、展览招贴、艺术招贴、体育招贴等内容(图 7-4-4 至图 7-4-8)。

图 7-4-4 电影《怪物史莱克 4》公映招贴 　　图 7-4-5 《深圳印象》系列海报之一　陈振旺

图 7-4-6 台北电影节主视觉海报

图 7-4-7 第 34 届芝加哥爵士音乐节系列海报设计

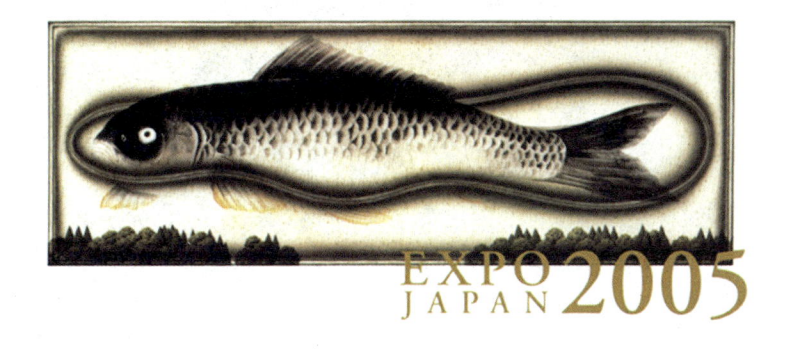

图 7-4-8 日本国际博览会宣传海报 原研哉

商业招贴

商业招贴指宣传商品或商业服务的商业性广告海报，要凸显宣传产品、塑造品牌、美化生活、服务社会等社会功能。随着当代消费者的教育背景和对生活品质追求的提升，人们对商业招贴的需求不仅仅停留在对信息的获取阶段，还进一步扩展到对文化内涵和审美情趣的需要上（图 7-4-9 至图 7-4-11）。

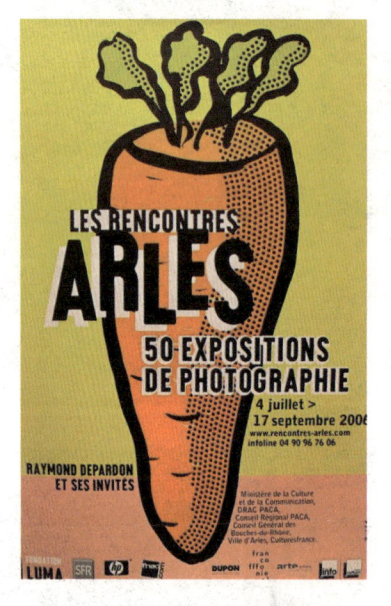

图 7-4-9 国外创意商业招贴海报 1 　　图 7-4-10 国外创意商业招贴海报 2

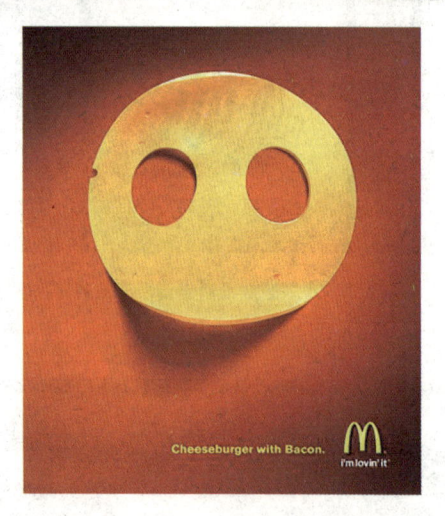

图 7-4-11 麦当劳创意商业招贴海报

招贴广告的版式编排设计需要注意几个方面：第一，图形先于文字，一般以图形为主，文案为辅；第二，文字与阅读距离的关系；第三，色先于行，运用色彩造成充分的视觉冲击力；第四，空间留白，留白给人一种轻松的感觉。在排版设计中，巧妙地留白，讲究空白之美，是为了更好地衬托主题，集中视线和造成版面的空间层次。

7.5 报纸版式设计

报纸以其内容复杂、发行量大、时效性强、传播面广、读者众多、便于携带和随时阅读等特点，成为最强劲的宣传媒体。报纸的组成主体是新闻信息，新闻信息一般由标题、正文和图片组成。版面是报纸直接面对读者的外在形式，在信息和读图时代，报纸版式设计的重要性越来越受到重视，常见的报纸版式有流水规则式、综合交错式、对称式、花苑式、冠首式、图片式等。而版式正是由各种栏式合理、巧妙地组合而成，一般将常用的栏式称为基本栏，有时为了使版面有多种结构形式，也常用破栏式、合栏式和插栏式等。

报纸的版式设计已成为现代报纸的一个重要部分。报纸版面上的重要信息，通过语言或图形符号对受众传达信息，尤其是报纸头版，它的版式在一整份报纸中扮演着非常重要的角色，是报纸风格的"窗户"，起到引导受众了解本期的主要内容，并通过信息导读找到内页中他们所需要的信息内容的作用。目前许多报纸都开始注重在头版上运用视觉版式，以吸引受众的眼球（图7-5-1至图7-5-3）。

图7-5-1 《南通周刊》报纸头版设计　图7-5-2 国外报纸头版设计1　图7-5-3 国外报纸头版设计2

报纸的版式设计，目的就在于构建视觉中心来吸引读者的注意，它通过版式的编排、色彩、图像等把读者吸引进内页。

首先，报纸版式的编排要突破传统的美学范畴，倾向于艺术化的视觉版式。设计师应从领会稿件内容的新闻价值，到对新闻本身的挖掘工作做起，领会报纸版式的视觉导向，贯彻版式的形式美法则。以视觉语言"表述"新闻，是通过将文字、色彩、图像等元素，根据内容需要和导向原则进行艺术创作而形成的一种视觉艺术。

其次，报纸版式设计的色彩选择也很重要，它往往能左右一份报纸设计的成败。报纸从黑白到色彩的发展历程，证明人们对色彩的喜好和追求，丰富的色彩改变了版式设计的单一形式，影响人们的审美情绪。

另外，报纸版式设计的图像运用也很重要。图像的趣味性与独创性亲切而刺激，它既能使版式鲜明，又能制造"言有尽而意无穷"的版式想象空间。喜闻乐见的新闻报道被精美的图像装点、强化，新闻信息更容易被传达和记忆（图7-5-4至图7-5-9）。

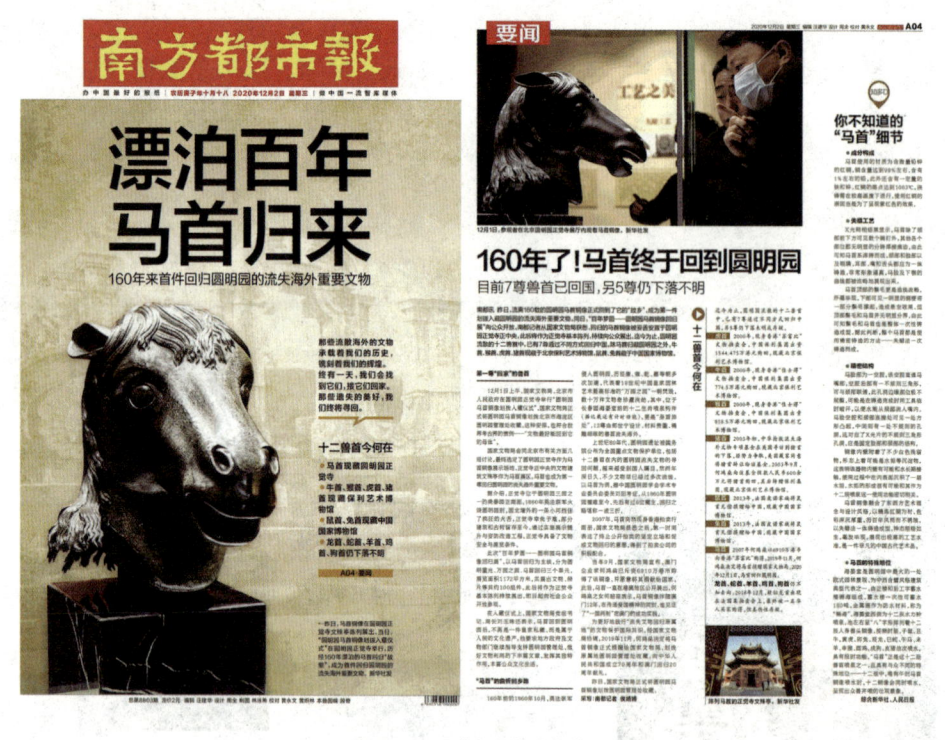

图7-5-4 《南方都市报》

图7-5-5 《武汉城市圈》

图7-5-6 哥伦比亚报纸《EL TIEMPO》

图 7-5-7 报纸版面可视性强,服务性强,信息量大,将大量图表整合于一版之中,内容丰富且安排井然,不杂乱,体现了严肃新闻的贴近性与报道力

图 7-5-8 冬奥会刊,整个版面构图巧妙,信息丰富

图 7-5-9 版面聚焦奥运会开幕式,通过数十篇新闻稿件的整合重组,采用持续、聚焦、花絮、数读、评论、看点等栏目,配以多幅冲击力较强的图片,对开幕式进行全景式呈现。版面图文并茂,冲击力强

7.6 网页版式设计

网页设计伴随着国际互联网络的不断发展而快速兴起。网页作为网络的主要依托,已深入人们生活的各个方面,各式网页不断撞击着人们的眼球。在网页设计中,版式设计占的比重非常大,它是网页视觉识别的基础,网页版式设计的基本类型有骨骼型、满版型、分割型、中轴型、曲线型、倾斜型、对称型、焦点型、三角型、自由型 10 种(图 7-6-1 至图 7-6-5)。

图 7-6-1 骨骼型网页版式设计

图 7-6-2 满版型网页版式设计

图 7-6-3 分割型网页版式设计

图 7-6-4 对称型网页版式设计

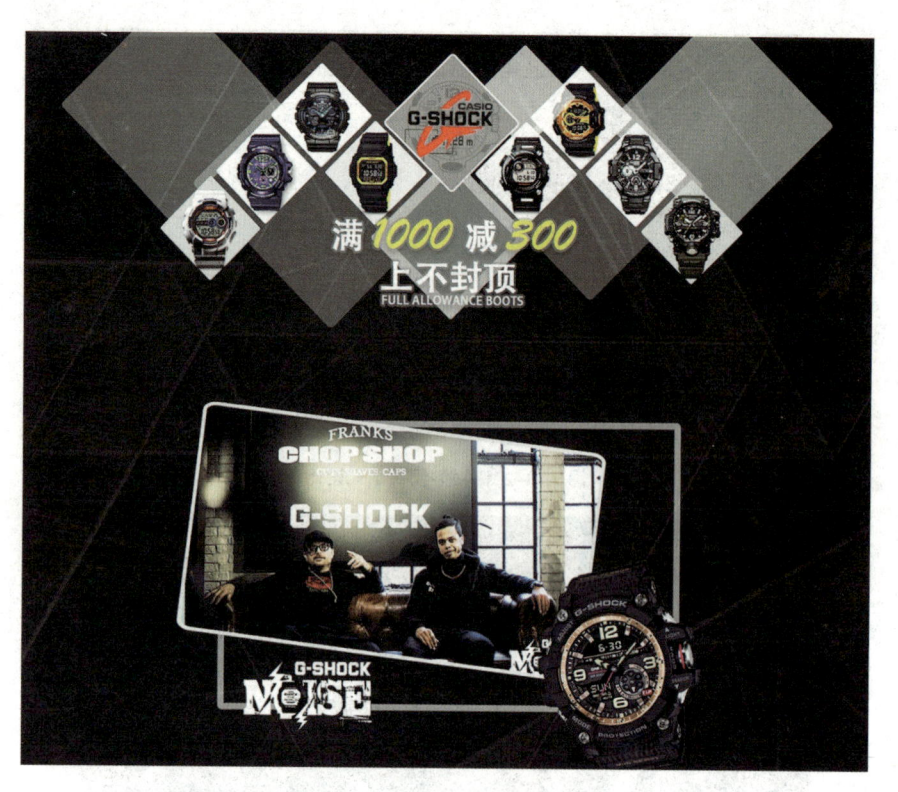

图 7-6-5 焦点型网页版式设计

　　网页的版式设计关键在于主页设计，主页要有强烈的个性，醒目抢眼，特色鲜明等，值得注意的是：主页设计要根据网站的性质和内容确定网页的主色调，确定统一的标识和主标题的字体；考虑主页的视觉流程，连接的编排位置要做到醒目、明显；动画的插入可增加网页趣味和活力，同时，动画的提示作用和注目率均大于静态图形；网页正文的文字要与整体风格一致；网页的色彩采用计算机显示器的色彩格式 RGB，其中有 216 种网页安全色（图 7-6-6 至图 7-6-8）。

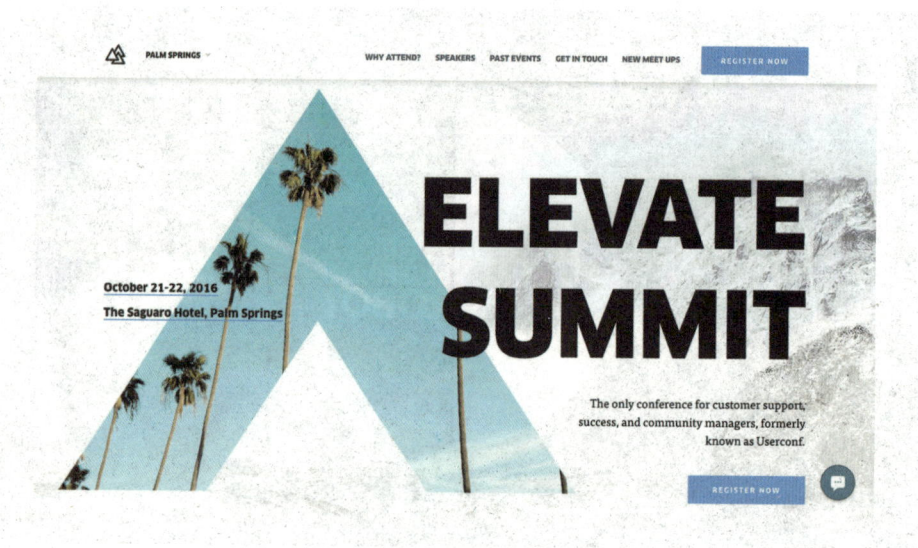

图 7-6-6 国外网站首页版式设计 1

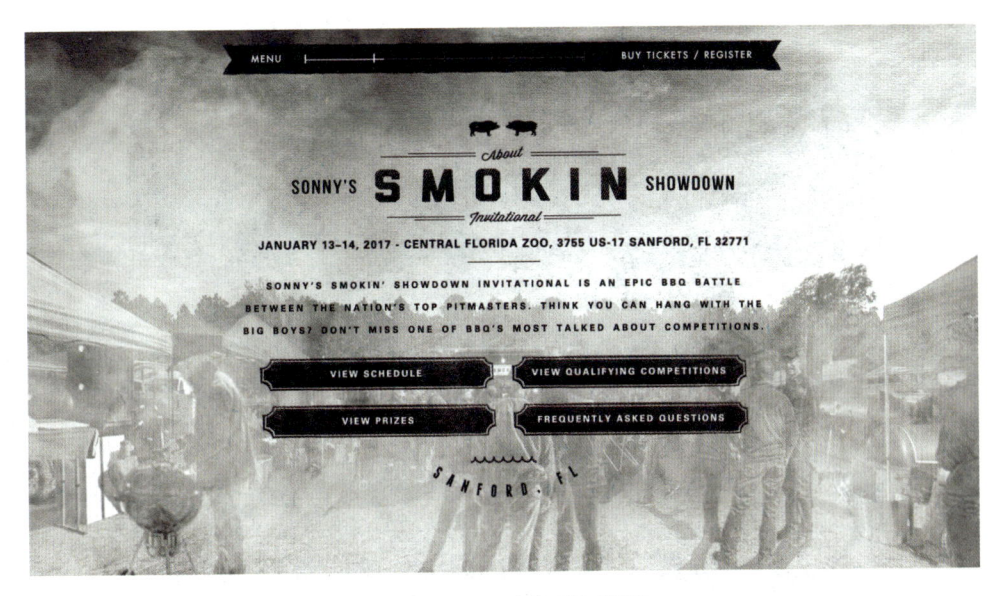

图 7-6-7 国外网站首页版式设计 2

图 7-6-8 国外网站首页版式设计 3

网页中的文字也较为格式化，最适合于网页正文显示的字体大小约为 12 磅。现在很多的综合性站点，由于在一个页面中需要安排的内容较多，通常采用 9 磅的字号。较大的字体可用于标题或其他需要强调的地方，小一些的字体可用于页脚和辅助信息。需要注意的是：小字号容易产生整体感和精致感，但可读性较差。字体选择是一种感性、直观的行为，但是，无论什么字体，都要依据网页的总体设想和浏览者的需要来进行选择（图 7-6-9）。

图 7-6-9 通过文字大小、疏密进行处理，突出重点，层次分明

除了文本，网页上最重要的设计元素莫过于图像了。一方面，图像的应用使网页更加美观、有趣；另一方面，图像本身也是传达信息的重要手段之一。与文字相比，它直观、生动，可以很容易地把那些文字无法传递的信息表达出来，易于浏览者理解和接受。Web 通常使用两种图像格式：GIF 和 JPEG。另外，还有两种适合网络传播，但没有被广泛应用的图像格式：PNG 和 MNG（图 7-6-10）。

图 7-6-10 快餐文化网站界面

7.7 各类卡片版式设计

7.7.1 名片

名片作为一个人、一种职业的独立媒体，在设计上要讲究其艺术性，但它同艺术作品有明显的区别，它不像其他艺术作品那样具有很高的审美价值，它在大多情况下不会引起人的专注和追求，而是便于记忆，具有更强的识别性，让人在最短的时间内获得所需要的信息。因此，名片设计必须做到文字简明扼要，字体层次分明，强调设计意识，艺术风格要新颖。名片构成要素一般有标志、图案、文案（名片持有人姓名、通讯地址、通讯方式）等，这些素材各具有不同的使命与作用（图7-7-1）。

图 7-7-1 创意名片设计

7.7.2 请柬、贺卡及邀请函

请柬又称请帖、简帖，为了邀请客人参加某项活动而发的礼仪性书信。请柬的功能在于人与人之间的沟通，在特定的日子里问候朋友，邀请社团或个人出席各种社交场合，如集会、观光、生日、结婚、展览开幕等，已成为社交礼仪中常见的媒体形式。请柬一般由标题、称谓、正文、敬语、落款等元素构成，可分为结婚请柬、个性请柬及邀请函等（图7-7-2至图7-7-4）。

图 7-7-2 镂空邀请函设计

图 7-7-3 立体贺卡设计

图 7-7-4 婚礼请柬设计

7.7.3 磁卡

磁卡是利用磁性载体记录英文与数字信息，用来标识身份或其他用途的卡片。磁卡使用方便，造价便宜，用途极为广泛，可用于制作信用卡、银行卡、地铁卡、公交卡、门票卡、电话卡及各种交通收费卡等。国际磁卡的标准尺寸为长 85.47～85.72mm，宽 53.92～54.03mm。根据用户需求的不同，有胶印、丝印、打印等多种印刷方式，可采用其中一种或多种印刷方式印刷。同时，根据需求还可以在卡片上增加烫金、烫银等特殊工艺专版，以达到用户想要的最佳质量及视觉需求（图 7-7-5 至图 7-7-9）。

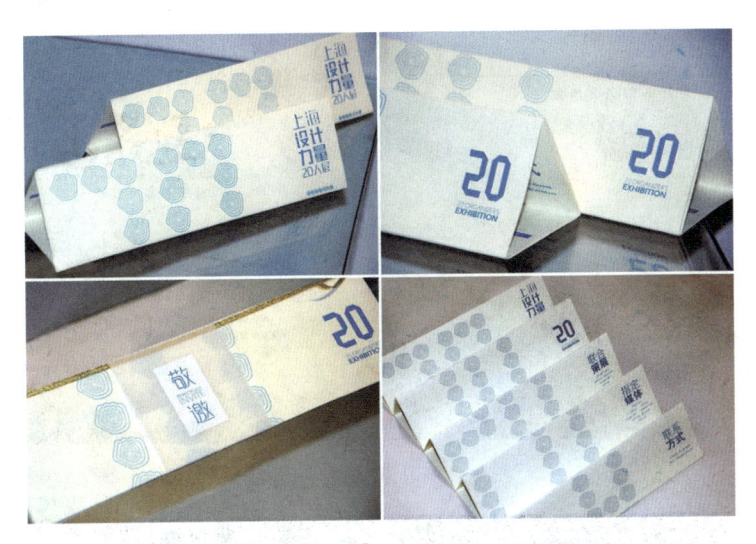

图 7-7-5 上海设计力量 20 人展——邀请卡设计

图 7-7-6 VIP 磁条卡

图 7-7-7 贵宾磁卡设计

版式设计

图 7-7-8 邀请函设计 1

图 7-7-9 邀请函设计 2

参考文献

[1] 刘春明. 新世纪高等美术系列教材 版式设计（艺术与设计基础教学）[M]. 成都：四川美术出版社，2011.

[2] 许楠，魏坤. 二十一世纪艺术设计精品课程规划教材——版式设计 [M]. 北京：中国青年出版社，2009.

[3] 邢义杰，于亮. 版式设计 [M]. 哈尔滨：哈尔滨工程大学出版社，2011.

[4] 王鹏，王志敏. 版式编排设计 [M]. 北京：印刷工业出版社，2009.

[5] 李喻军. 版式设计 [M]. 长沙：湖南美术出版社，2009.